FENGDIANCHANG SHEBEI YINHUAN JI QUEXIAN CHULI

风电场设备
隐患及缺陷处理

赵　群　梁永磐　主　编

李春林　金　安　副主编

U0246598

中国电力出版社

CHINA ELECTRIC POWER PRESS

内 容 提 要

清洁能源替代作用日益突显，风力发电装机容量持续大幅增长。近年来风电事故呈快速上升趋势，且倒塔、火灾、人身伤亡等恶性事故频发，给人的生命和财产带来较大损失，对安全生产管理工作提出了严峻挑战。

本书共分四章，第一章为风电场设备概述，主要对风力发电机组和风电场电气设备进行阐述；第二章为风力发电场设备隐患及解决方案，主要包含叶轮、机舱、塔架、基础、风机控制系统、一次设备、二次设备、集电线路的隐患及解决方案；第三章为风电机组核心部件常见缺陷及处理，主要包含叶片、轮毂、塔架、主轴及轴承、高速轴联轴器、齿轮箱、发电机、液压系统、偏航系统、变流器、变桨系统的常见缺陷及处理；第四章为风电控制系统分析，主要阐述安全链主要功能、安全链传感器、控制系统保护失效可能引发的后果、典型安全链设计及分析，并对典型事故（事件）做案例分析。

本书适用于风电场设备运维、检修等专业技术人员、管理人员，并可供风电设备设计、制造企业、科研院所等相关技术人员参考使用。

图书在版编目（CIP）数据

风电场设备隐患及缺陷处理 / 赵群，梁永磐主编. —北京：中国电力出版社，2018.6（2019.5重印）
ISBN 978-7-5198-2103-6

Ⅰ. ①风… Ⅱ. ①赵… ②梁… Ⅲ. ①风力发电–发电厂–电气设备–安全隐患 Ⅳ. ①TM614

中国版本图书馆 CIP 数据核字（2018）第 113182 号

出版发行：中国电力出版社
地　　址：北京市东城区北京站西街 19 号（邮政编码 100005）
网　　址：http://www.cepp.sgcc.com.cn
责任编辑：安小丹
责任校对：李　楠
装帧设计：赵姗姗
责任印制：石　雷

印　　刷：北京瑞禾彩色印刷有限公司
版　　次：2018 年 6 月第一版
印　　次：2019 年 5 月北京第二次印刷
开　　本：787 毫米×1092 毫米　16 开本
印　　张：13
字　　数：282 千字
印　　数：1501—3000 册
定　　价：75.00 元

本书编委会

主　编　赵　群　梁永磐

副主编　李春林　金　安

编　写　刘昌华　丁号月　王海廷

　　　　田　园　王锦洪

前　言

随着我国将应对气候变化融入国家经济社会发展中长期规划，对可再生能源扶持力度不断加大，清洁能源替代作用日益突显，风力发电装机容量持续大幅增长。截至 2017 年底，风电总装机容量已达 1.6 亿 kW。伴随着风电行业的高速、粗放发展，许多设计、制造、安装、生产等环节的问题也逐渐显露。近年来风电事故呈快速上升趋势，且倒塔、火灾、人身伤亡等恶性事故频发，给人们的生命和财产带来较大损失，对安全生产管理工作提出了严峻挑战。

本书以风力发电最新国家、行业标准及防止风力发电机组倒塔、火灾、轮毂（桨叶）脱落、超速及全场停电事故反事故措施为依据，针对在役风电机组运行中存在的常见疑难杂症问题，同时总结了大量在役风电机组实际运行中发生的事故和异常事件，提炼出较为典型的案例，力求以"解谜"的视角审视风电隐患排查得失，"抓小防大"超前预控，让隐患早暴露、早发现，实现早整改、早治理的目的；力求以"解秘"的观点透过现象挖本质，剖析风电机组运行中的"神秘"现象，为风电场的生产技术管理答疑解惑，从而有针对性地采取技术和管理措施，达到预防风电机组运行中恶性事故发生的目的。

本书文字与图片相结合，系统地介绍了风电机组、输变电设备在运行维护管理中常见的隐患排查与疑难杂症治理方法，提出了指导性的技术和管理解决方案，以期为风电场的安全稳定运行提供一定的帮助。

编　者

目　录

第四章 风电控制系统分析

参考文献

第一章

风电场设备概述

第一节

风力发电机组概述

风力发电机组靠气流在叶片上产生的升力作为驱动力,将风能转化为动能,再由发电机将动能转化成电能,经变压器升压后由输电线路送至电网。目前兆瓦级并网型风力发电机组多采用三叶片、水平轴、上风向、变桨距调节等形式。按照发电机结构,主流机型多为双馈式风力发电机组及直驱式风力发电机组。风力发电机组可安装于平原、山地、高原、滩涂以及海上。陆上风电场、海上风电场概貌分别如图 1-1、图 1-2 所示。

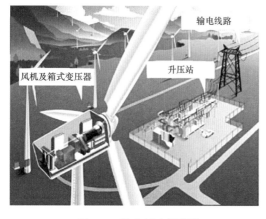

图 1-1 陆上风电场概貌

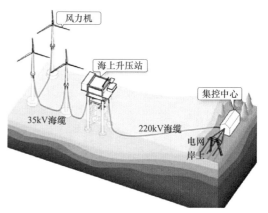

图 1-2 海上风电场概貌

一、双馈式风力发电机组

双馈式风力发电机组(见图 1-3)风轮将风能转变为机械转动的能量,齿轮箱增速异步发电机,发电机定子绕组直接与电网相连,转子绕组通过变流器与电网连接,机组可以在不同的转速下实现恒频发电。

双馈式风力发电机组允许发电机在同步转速上下 30% 范围内运行,简化了调整装置,减少了调速时机械应力,机组控制更加灵活、方便,提高了机组运行效率。转子馈出方式使需要变频控制的功率仅为电机额定容量的一部分,变频装置体积减小,成本降低,并且可实现有功、无功功率的独立调节。

双馈式风力发电机组必须使用齿轮箱,增加了成本和故障环节。风机低负荷运行时效率较低。发电机转子绕组带有集电环、电刷，增加了维护成本及故障率。控制系统较为复杂。

① 机舱
② 空气换热器
③ 发电机
④ 控制面板
⑤ 齿轮箱
⑥ 偏航驱动
⑦ 主轴
⑧ 齿轮油冷却器
⑨ 变桨驱动
⑩ 轮毂导流罩

图 1-3　双馈式风力发电机组外形及内部结构

二、直驱式风力发电机组

直驱式风力发电机组（见图 1-4）叶轮与多级发电机直接连接，全功率变流器将发电机产生的频率不定的交流电整流成直流电，再逆变成与电网同频率的交流电输出。

① 机舱
② 发电机
③ 控制面板
④ 偏航驱动
⑤ 主轴
⑥ 变桨驱动
⑦ 轮毂导流罩

图 1-4　直驱式风力发电机组外形及内部结构

直驱式风力发电机组无须使用齿轮箱增速，传动系统部件减少，可靠性得到提高，全功率变流器可进行无功功率补偿。但多级低速永磁同步发电机直径大，制造成本高，变流器成本增大，机舱重心前倾，设计和控制上难度加大。

三、风力发电机组结构

（一）风轮

风力发电机组风轮主要由叶片和轮毂组成，其作用是捕获与吸收风能，风能被转化为机械能后输送给主轴。风轮（见图1-5）的扫掠面积和风速，决定了其将风能转换成机械能的能力。大型风力发电机组一般采用变桨距调节方式，用电机或液压系统进行驱动，在轮毂内安装有变桨轴承、变桨驱动及控制装置。

叶片（见图1-6）具有空气动力学外形，在气流推动下产生力矩使风轮沿水平轴心转动，是机组的主要构件之一。气动性能良好的叶片，风能的利用率更高。目前并网型风力发电机组多采用三叶片组成风轮。叶片材料多为玻璃钢。

图1-5 风轮

图1-6 叶片

轮毂（见图1-7）用于连接叶片与主轴，需要有足够的强度，一般采用铸钢或钢板焊接而成。焊接质量必须通过超声波检查。钢板的厚度应依照叶片可承受的最大离心力载荷确定。

大型风力机的变桨系统用于保证叶片可沿其轴向旋转，它可根据风机转速、扭矩及气象条件变化等信息调整叶片的攻角，进而达到调整叶片空气动力学特性的目的。变桨系统可用液压或电动方式来驱动变桨距机构。由于结构简单、维护量小，电动变桨机构目前更为普遍。

电动变桨系统（见图1-8）是通过伺服电机、减速器、小齿轮驱动变桨轴承的大齿圈来完成叶片变桨的机构。电动变桨的速率一般在5°/s～7.5°/s，在紧急情况下，速度可以达到12.5°/s。其优点是结构简单，动作可靠，控制响应速度快，安装、维修方便。

缺点是启动、制动时冲击较大。

图1-7 轮毂

图1-8 电动变桨机构

液压变桨系统（见图1-9）是通过液压站、液压油管、液压油缸驱动变桨轴承内圈来实现叶片变桨距的机构。其优点是动作平稳、冲击小，控制比较简单。缺点是液压油容易泄漏，维修难度较大。

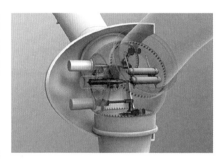

图1-9 液压变桨机构

（二）机舱

风力发电机组的传动系统将风轮传递的机械能输送至发电机，再由发电机转换为电能。对于水平轴风力发电机组来说，传动系统和发电机均需要安装在塔筒顶部，所以机舱中容纳了风力发电机组的大多数重要设备。一般包括主轴、主轴承、齿轮箱、高速轴、联轴器、制动器、制动盘、发电机、偏航驱动、偏航轴承、液压站、控制柜、主机架、维修吊车、气象站、机舱导流罩等，如图1-10所示。

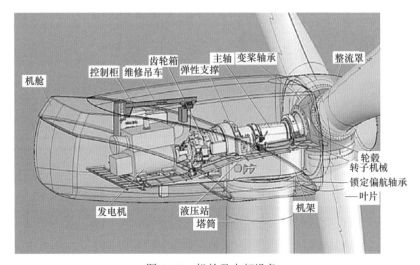

图1-10 机舱及内部设备

5

主轴（见图 1-11）也称低速轴，起着固定风轮位置、支撑风轮重量、保证风轮旋转、将风轮的力矩传递给齿轮箱或发电机的重要作用。主轴通过主轴承固定在机舱内，大中

型风力发电机组叶片长、重量大，为了更好地控制叶片的离心力与叶尖的线速度，主轴转速一般小于 30r/min。主轴承承受的扭矩较大，需使用强度、塑性、韧性等机械性能较好的合金钢制作。

为了实现主轴和发电机的转速匹配，除直驱式风力电机组外均需使用增速齿轮箱。风力发电机组对齿轮箱（见图 1-12）的要求非常严格，不仅要体积小、重量轻、效率高、噪声小，而且要承载能力

图 1-11 主轴

大、起动力矩小、寿命长。齿轮箱大致可以分为两类，即定轴线齿轮传动和行星齿轮传动。定轴线齿轮结构简单，维护容易，造价低廉。行星齿轮传动具有传动比大、体积小、质量小、承载能力大、工作平稳和在某些情况下效率高等优点，缺点是结构相对较复杂，造价较高。对于兆瓦级风力发电机组，通常采用转速比在 1:100 左右的三级增速齿轮箱，齿轮箱的形式为"一级行星+二级平行轴"或者"二级行星+一级平行轴"，对于较小增速比的中速双馈式风力发电机组，也有采用"一级行星+一级平行轴"的二级齿轮箱。

机械制动器通常安装在双馈式风力发电机组齿轮箱和发电机之间的高速轴上面，是风力发电机组停机或人员维护期间的轴系锁定设备。直驱式风力发电机组一般在主轴上也安装液压刹车系统，但仅限于人员进入轮毂时的轴系锁定使用，无法在风轮旋转期间提供足够的刹车力矩。常用制动器包括液压和电动盘式制动器。液压式机械制动器如图 1-13 所示。

图 1-12 齿轮箱　　　　　　　图 1-13 液压式机械制动器

异步发电机可通过变流器调节转子的励磁电流频率来改变转子磁势的旋转速度，使转子磁势相对于定子的转速始终是同步的，定子感应电势频率即可保持定值，发电系统便可做到变速恒频运行。发电机冷却系统可采用风冷或水冷形式。水冷双馈式发电机如图 1-14 所示。

同步发电机的定子结构与一般电机类似，转子采用绕线式或永磁体，可设置为外转子或内转子形式，最大额定功率可达 7.5MW。与双馈异步发电机相比，永磁同步发电机具有更高的效率和更高的功率密度。但永磁体造价较高，且永磁同步发电机可能存在退磁问题。内转子式永磁同步发电机如图 1-15 所示。

图 1-14　水冷双馈式发电机　　　　图 1-15　内转子式永磁同步发电机

偏航系统的主要功能是将风力机保持在迎风面上，从而最大限度地捕获风能。通常它由多个驱动电机、偏航减速器、偏航齿轮、齿轮轮缘、偏航制动器和偏航轴承组成。风向发生改变时，电机通过减速器带动小齿轮驱动偏航轴承的齿圈，机舱转动一定角度保持与来流风向一致，以捕获最大风能和减小侧向载荷。当风力发电机组处在迎风位置或机组检修维护时，由偏航制动器锁定风力发电机组。偏航减速器通常采用行星轮系结构。所有电动机均执行相同的信号指令，电动机在风力发电机组偏航至设定的位置后即可自锁。为了防止电缆在偏航系统工作时过度扭曲损坏，偏航系统还设有扭缆保护装置，在偏航角度达到限值时自动解缆或停止风机运行。偏航系统主要设备如图 1-16 所示。

机座用来支撑塔架上方风力发电机组的所有设备及附属部件。在满足强度和刚度的要求下，力求耐用、紧凑、轻巧。大中型风力发电机组的机座通常以纵梁、横梁为主，再辅以台板、腹板、肋板等焊接而成。风电机舱机座如图 1-17 所示。

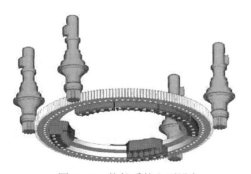

图 1-16　偏航系统主要设备　　　　图 1-17　风电机舱机座

（三）塔架

塔架的主要功能是为风轮和机舱提供支撑，并提供必要的风轮高度，使其处于较好的风力条件下。大多数风力发电机组的塔架由钢材制成，部分机组塔架采用全混凝土结构或底部为混凝土、上层为钢材的混合结构。大型风力发电机组塔架一般为多节锥形圆柱塔架，内部附有机械和电气等辅助设备。塔架包括塔体、爬梯、电缆、电缆梯、平台等。为减小机舱的尺寸、重量，功率变流器也可能被安装在塔架的底部。风机塔架如图 1–18 所示，塔底变流器如图 1–19 所示。

图 1–18　风机塔架　　　　　　　　　　图 1–19　塔底变流器

（四）基础

风力发电机组基础建在地面及地面以下，用于承载风力机施加的动、静载荷。陆上风力发电机组基础形式一般主要有扩展基础、桩基础和岩石锚杆基础。

1. 重力式扩展基础

重力式扩展基础是目前陆上风电场最常采用的基础形式，风机塔筒通过基础环或锚栓将上部载荷传递给基础，基础采用钢筋混凝土浇筑而成，可为方形、六边形、八边形或圆形。重力式扩展基础施工较为简便、工程经验丰富、适用范围广，但是这种基础形式抗压能力有余，抗弯效率不高。由于整体刚度较大，基础边缘与地基脱开面积起到控制作用，尤其是对于大容量的风力发电机组，基础的悬挑板长度过大，需要大量的混凝土，经济性较差。

对于使用基础环的重力式扩展基础（见图 1–20），环体与塔架的防腐方案一致，后期不存在基础环使用中的腐蚀问题。但基础环与混凝土基础连接部位存在刚性突变，基础环附近混凝土容易疲劳破坏。而锚栓方案（见图 1–21）由于其下端固结于基础的底部，因此整个基础刚度一致，不存在突变，受力合理。为了解决锚栓螺栓损坏后无法更换的难题，新形式的锚栓基础有的采用可更换式锚栓（见图 1–22），具体做法是在基础中心设置空心检修小室，方便人员进入底部锚栓紧固位置进行检查与更换操作，为锚栓式基础提供了检修便利。

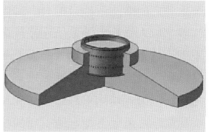

图 1-20 基础环式重力扩展基础

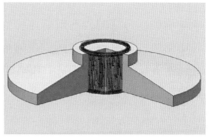

图 1-21 锚栓式重力扩展基础

2. 梁板式基础

梁板式基础（见图 1-23）是由基础台柱、基础底板、从台柱悬挑出的放射状的主梁、封边次梁组成。主梁格间由素土夯实，底面通常为八边形或圆形。上部荷载通过基础环传递给主梁，再由主梁传递给次梁及地基。由于梁格问采用素土夯实，相对重力式扩展基础，这种基础形式的混凝土用量大大减少，可适当改善大体积混凝土由于水化热产生温度应力对浇筑的不利影响，并且有较好的经济性。但是，梁板式风机基础土方开挖量较大、体型复杂、模板制作及安装周期较长。并且主梁内钢筋较密，混凝土浇筑、振捣困难，施工质量较难控制。

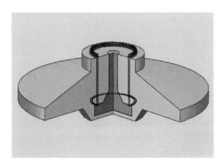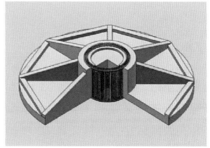

图 1-22 可更换式锚栓重力扩展基础   图 1-23 梁板式基础

3. 短桩基础

对于地质条件为湿陷性黄土等软弱地质，可采用沉筒式无张力短桩基础（见图 1-24）。它是一种空心混凝土结构，通常埋深 6～10m，由混凝土筒体和高强度预应力锚栓系统组成。筒体内、外圈为波纹钢筒，筒厚通常约 500mm。内外波纹筒之间灌注高标号混凝土，外波纹筒与土体之间灌注低标号混凝土，内波纹筒中回填原状土。沉筒式无张力风机基础依靠高强度预应力锚栓自锁系统连接风机塔筒和基础简体，通过混凝土简体将竖向荷载传递至下部土体。沉筒通过筒外的素混凝土与周围土体连成一个整体。沉筒下部中性以上的土体产生主动土压力，中性点以下的土体产生被动土压力，共同抵抗上部荷载产生的倾覆力矩。沉筒式基础可显著节省混凝土用量及土方开挖量，具有较好的经济性。并且钢筋绑扎简单，施工方便，施工周期较短。但是这种基础形式对沉简内外波纹钢筒的材料强度、弹性模量、防腐等要求较高，并未广泛推广使用。

4. 岩石锚杆基础

对于地基承载能力好的岩石地基，可采用锚栓式岩石锚杆基础（见图 1-25），这种基础主体与塔架通过锚栓连接，基础主体再通过锚杆锚固于基岩里，基础充分利用了基岩的承载力，可明显减少基础混凝土和钢筋工程量，有效节省成本。但该种形式对锚栓、锚杆质量要求较高，锚杆防腐需专项设计。

图 1-24　短桩基础　　　　　　　图 1-25　岩石锚杆基础

海上风电场因所处位置水深的不同、海底土壤类型的不同，其种类和数量要更为复杂，重力基础和单桩型基础在浅海条件下较为常用，三角架型、三桩和罩型基础适用于更深的海洋条件。

（五）控制系统

风力发电机组的控制系统（见图 1-26）贯穿到机组的每个部分，直接关系到机组的安全经济运行。控制系统的主要作用是保证风力发电机组安全运行的前提下尽可能地获取风能，并高效地转化为电能。风力发电机组控制系统由传感器、执行机构和软/硬件处理器组成。处理器负责传感器输入信号的处理，并发出输出信号控制执行机构的动作。传感器负责采集信号，一般包括转速、电量、位置、振动、温度、压力传感器，风速仪、风向标，操作开关、按钮等装置。执行机构一般包括液压驱动装置或电动驱动装置、发电机转矩控制装置、发电机并网装置、刹车装置和偏航电机等。处理器系统通常由计算机或微型控制器和可靠性较高的硬件安全链组成，以实现风机运行过程中的各种控制功能，在机组发生严重故障时，控制系统能够保障机组处于安全的状态。控制系统的具体控制内容包括数据采集和处理、变桨控制、转速控制、自动最大功率点跟踪控制、功率因数控制、偏航控制、自动解缆、并网和解列控制、停机制动控制、安全保护系统、就地监控、远程监控等。

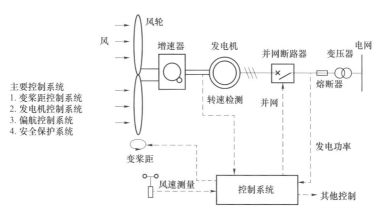

图 1-26　风力发电机组控制系统

1. 变桨距控制系统

变桨距控制系统是风力发电机组一个独立的子控制系统，它的功能是根据主控制器发出的指令调节叶片的角度，实现风力发电机功率、启动、停机以及紧急停机的控制。其主要调节方法为：

（1）当风力发电机组达到运行条件时，控制系统命令调节桨距角到准备角度，当叶轮转速升高至规定值后，调节叶片桨距角至零度方向，逐步增大叶片启动力矩，直至风力发电机组达到额定转速并网发电。

（2）在运行过程中，当输出功率小于额定功率时，桨距角保持在零度，指令不做调整。

（3）当发电机输出功率达到额定功率以后，调节系统根据输出功率的变化调整桨距角的大小，改变叶片的攻角，从而改变风力发电机组获得的空气动力转矩，使发电机的输出功率保持在额定功率。

变桨角度信息一般是通过计数器组件来测量。叶片轴承的内齿圈和计数器的测量小齿轮啮合，测量小齿轮把叶片转动的信息传给计数器，由计数器的数据计算出叶片转动的角度。部分机型通过与变桨电机同轴连接的编码器测量变桨电机转动角度，折算得到叶片变桨角度数值。当紧急情况或编码器组件失效时，安装在顺桨终点位置上的一个或多个限位开关测量叶片所处终点位置，为风力发电机组提供保护。

变桨系统不仅能实现机组正常启动和运行时的桨距角调节，还为机组故障发生后提供最主要的空气动力停机保障。在正常停机情况下，变桨系统将叶片变桨至 90° 附近，使叶轮逐渐停转。在紧急停机情况下，变桨系统使用交流电源或后备电源，以最快速度收桨至 90° 后限位开关触发位置，起到安全保护作用。

2. 双馈式风力发电机组的功率控制系统

双馈异步发电机风力发电系统有两种运行模式：

（1）超同步模式，发电机工作在同步速度之上。

（2）亚同步模式，发电机工作在同步速度以下。

发电机转差率在超同步模式时为负值，而在亚同步模式下为正值。

图 1-27 为双馈异步发电机在风力发电系统中的功率流向示意。在超同步模式下，系统从发电机轴上获得的机械功率 $|P_m|$ 既可通过定子回路，也可通过转子回路传输到电网中，转子功率 $|P_r|$ 可通过转子回路上的变流器传输到电网中，而定子功率 $|P_s|$ 可直接传输到电网中。如果忽略发电机和变流器的损耗，系统传输到电网中的功率 $|P_g|$，就是原动机机械功率 $|P_m|$。

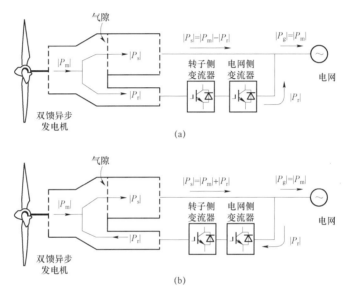

图 1-27　双馈风力发电机组发电模式
(a) 超同步模式；(b) 亚同步模式

在亚同步模式下，转子可从电网吸收有功功率。机械功率 $|P_m|$ 和转子功率 $|P_r|$ 都是通过定子传输到电网中。尽管定子功率 $|P_s|$ 是 $|P_m|$ 和 $|P_r|$ 之和，但它不会超过额定功率。这是因为在亚同步模式下，系统从发电机轴上获得的机械功率 $|P_m|$ 比其处于超同步模式下获得的功率要小。如果忽略损耗，系统传输到电网中的有功功率 $|P_g|$ 等于输入机械功率 $|P_m|$。在亚同步模式下，发电机会发出更少的功率，此时变流器将处理最大的转子功率，因双馈异步发电机最大转差率在 0.3 左右，所以变流器需传送的功率大约为定子最大功率的 0.3 倍。

由于双馈式风力发电机组变桨系统的响应速度受到限制，对于快速变化的风速，通过改变桨距角来控制功率的效果并不理想。所以，一般在设计中，由风速低频分量和发电机转速来控制变桨系统，风速的高频分量产生的机械能波动，通过迅速改变发电机的转速来进行平衡，即通过发电机转子电流控制器对发电机转差率进行控制。当风速突然升高时，允许发电机提升转速，将瞬变的风能以风轮动能的形式储存起来；转速降低时，再将动能释放出来，使功率曲线达到理想的状态。风速低于额定风速时，发电机控制系统根据功率反馈值控制转子电流，将发电机转差率调至最小。当风速高于额定风速，发电机控制系统一方面控制变桨系统攻角，将发电机输出功率控制在额定值上；另一方面根据功率反馈和速度反馈值，改变转子电流，调节发电机转差率，保证发电机输出功率的稳定。

3. 永磁同步式风力发电机组的功率控制系统

永磁同步风力发电机发出的是频率、电压、功率均会随着风速的变化而变化的交流电，而最终转变为恒频恒压交流电的任务由变流器完成。功率控制系统的主要任务是将发电机发出的电高效地转换成质量合格的电能，同时按照电网要求，对有功、无功进行解耦控制。

4. 偏航控制系统

偏航系统的主要功能为：

（1）正常运行时自动对风。当机舱偏离风向一定角度时，控制系统根据控制策略发出顺时针或逆时针偏航指令，对机舱动态对风，将机舱位置控制在允许偏差范围内，随后停止偏航。

（2）扭缆时自动解缆。当机舱向同一方向累计偏转达到设定值后，为防止电缆扭曲过度，控制系统停止风机运行，控制机舱向反方向旋转实现电缆解绕。若偏航扭缆角度过大，触发限位开关，风机紧急停机，需人工干预进行手动解缆。

（3）部分风机还设有超速自动侧风功能。当风轮转速超过设定值且控制系统无法降低转速时，偏航系统将机舱从主风向偏航 90°，侧风后风机失去风能推动，以降低风机损坏程度。

5. 安全保护系统

风力发电机组在风速、环境温度等条件越限时，需手动人为停机时或机组自身发生非紧急停机故障时，控制系统依据控制策略执行正常停机。风力发电机组正常停机时，控制系统控制叶片变桨装置进行气动收桨，功率降至设定值时使主断路器断开脱网。停机条件消除后，风力发电机组往往可自动恢复运行。

当控制系统检测到紧急停机故障，会触发快速停机程序，此时控制系统会以较快的速度进行气动收桨，待功率降至设定值时使主断路器断开脱网，在主轴转速低于规定值时激活机械刹车。

为了保证风力发电机组的安全，以安全链的形式将各关键保护节点串联组成独立于控制系统的硬件保护回路。一般来说，变流器急停、变桨系统急停、塔基柜急停、机舱柜急停、超速、振动越限、扭缆越限都会触发安全链保护动作，变桨系统以最快的速度进行收桨，变流器脱网，投入机械刹车。危及人身安全时，机组内部供电可能被切除。

第二节
风电场电气设备概述

一、一次设备

（一）变压器

变压器是用来改变交流电压，实现电能的远距离输送的电气装置。风力发电场通常会在升压站安装主变压器（见图 1-28），用于将电能升压后送至高压输电线路。在风机机位旁一般设置箱式变压器，用于将风力发电机组发出的低压电转变为高压电送至场内集电线路，当风力发电机组不发电时可将电能从集电线路反送至风机。箱式变压器多分为美式箱式变压器和欧式箱式变压器。

图 1-28 主变压器

美式箱式变压器（见图 1-29）在结构上将负荷开关、环网开关和熔断器结构简化放入变压器油室中，变压器取消油枕，采用全绝缘、全密封结构，安全可靠、操作方便。

欧式箱式变压器（见图 1-30）内部安装常规开关柜及变压器，高压室一般是由高压负荷开关、高压熔断器和避雷器等组成，可以进行停送电操作并且有过负荷和短路保护。欧式箱式变压器又称户外成套变电站，也称作组合式变电站。

图 1-29 美式箱式变压器

图 1-30 欧式箱式变压器

（二）配电装置

配电装置是交换功率和汇集分配电能的电气装置的组合设施，主要包括母线、断路器、隔离开关、电压互感器、电流互感器等。按照安装位置的不同，配电装置可分为室内式配电装置（见图 1-31）和室外式配电装置（见图 1-32）两种。

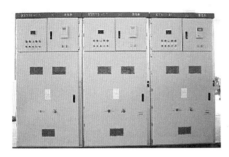
图 1-31　室内配电装置

图 1-32　室外配电装置

（三）无功补偿装置

为了满足风电场并网点电压要求，一般需要在变电站内设置无功补偿装置（见图 1-33）。装置需要对电压实现动态的连续调节，且调节速度应能满足电网要求。无功补偿装置一般分为静止无功补偿器（SVC）和静止同步补偿器（STATCOM）。

图 1-33　无功补偿装置

（四）集电线路

为了将风力发电机组生产的电能收集起来送入升压站，或将升压站汇集的电能送至对端电网，风电场需要使用集电线路来输送电力。集电线路可采用架空线、直埋电缆或架空与电缆配合的方式进行连接。

架空线路主要由避雷线、导线、金具、绝缘子、杆塔、拉线和基础等组成。杆塔按材料可分为混凝土杆、铁塔和钢管杆。铁塔式架空线路、混凝土杆式架空线路分别如图 1-34、图 1-35 所示。

图 1-34　铁塔式架空线路

图 1-35　混凝土杆式架空线路

二、二次设备

（一）直流系统

直流系统是给信号设备、保护装置、自动装置、事故照明、应急电源及断路器分、合闸操作提供直流电源的电源设备，一般由蓄电池组、充电设备、直流屏（见图 1-36）及馈电网络等组成。220V 直流系统接线基本为单母线分段接线方式，配有两组蓄电池、三套（两套）充电装置、母联隔离开关。通信 48V 直流系统接线基本为单母线接线方式，采用正极接地以防止电极腐蚀。

图 1-36　直流屏

（二）保护装置

继电保护装置（见图 1-37）是当电力系统中的电力元件（如变压器、线路等）或电力系统本身发生了故障危及电力系统安全运行时，能够及时发出报警信号，或者直接向所控制的断路器发出跳闸指令以终止这些事件发展的一种自动化措施和设备。风力发电场常用的继电保护装置有线路保护装置、变压器保护装置、母线保护装置等。

（三）通信装置

为了监视和控制电力系统的运行，实现远程终端的遥信、遥测、遥控和遥调功能，并组成语音、视频等通信网络，变电站需要配置通信装置。通信装置一般分为传输复

图 1-37　继电保护装置

用设备、电话交换设备、接入设备、通信配线设备及通信电源设备。风电场常见的通信设备有光端机、PCM、交换机、光缆及音频电缆、配线设备。

第二章

风力发电场设备隐患及
解决方案

第一节
叶轮隐患及解决方案

2-1-1 叶片损伤。叶片损伤后长期影响叶片的气动性能，使叶轮风能吸收率降低，降低机组发电能力。

解决方案 叶片损伤主要因材料老化、风沙磨损、飞鸟撞击、雷击等引起。应及时对损伤部位进行处理，防止缺陷扩大。在机组定期维护时，应对受过雷击伤害的机组导雷回路重点检查。

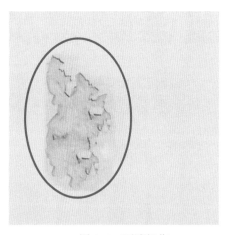

图 2-1 面漆损伤

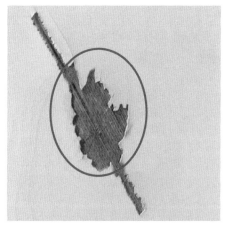

图 2-2 PVC 材料损伤

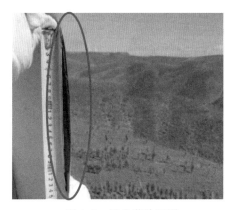

图 2-3 叶尖薄边开裂

图 2-4 叶尖雷击炸裂

2-1-2　叶片覆冰。叶片覆冰后影响叶片的气动性能，可能会导致风力发电机组停机，降低机组发能力。

解决方案　叶片覆冰是由天气原因造成。通常叶片除冰可以通过机械方式、加热方式开展，也可以等待覆冰自然融化。容易发生覆冰现象的地区，应适当加强特殊天气对设备的巡检力度。

2-1-3　叶片根部防雨罩错位。防雨罩错位后雨水会进入轮毂，对轮毂内电气设备安全运行产生威胁。

解决方案　叶片根部防雨罩安装在叶片根部，起到防止雨水顺叶片流入轮毂的作用。防雨罩错位后应及时恢复，可用胶黏合后加装铁质抱箍固定。

图 2-5　叶片结冰

图 2-6　叶片根部防雨罩

2-1-4　叶片雷击计数卡缺失或防雷回路损坏。叶片雷击计数卡安放于叶根部导雷回路线缆旁，在叶片受雷击时感应雷击次数。计数卡缺失后不能准确记录风机雷击次数，导雷回路损坏后如果叶片被雷击，将会对叶片本体造成巨大破坏，甚至断裂。

解决方案　加强巡检和定期维护管理，补全缺失的计数卡，修复损坏的导雷回路。

图 2-7　计数卡缺失　　　　图 2-8　导雷回路线缆断股

19

2-1-5 变桨控制柜内采用石英砂式限流电阻。限流电阻熔断后泄露出的石英砂易流入控制柜内，造成接触器等元器件卡涩，致使收桨失败，造成风力发电机组超速等严重后果。

解决方案 应将限流电阻移至控制柜外或改造为非石英砂式电阻。

图 2-9　限流电阻　　　　　　　　图 2-10　元器件上撒漏石英砂

2-1-6 叶片变桨轴承润滑油加注量异常。变桨轴承润滑油加注量过多会造成油封损坏，润滑油大量外溢，污染风轮；加注量过少则起不到良好润滑作用；叶片轴承废油没有按照设计要求排放至废油集油瓶内，变桨轴承密封圈有油漏出，轴承润滑油路不畅可能导致轴承失效，造成风机大部件损坏。

解决方案 应全面检查风机润滑情况，检查油脂分配器、油管、油泵是否正常工作，同时对变桨轴承进行检查，防止出现大部件损坏；根据地区风况规律、厂家维护手册合理调整润滑油加注周期及加注量，保证轴承得到良好润滑。

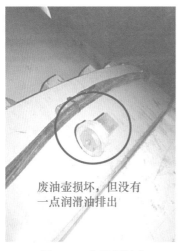 

图 2-11　加注量过少　　　　　　　图 2-12　加注量过多

2-1-7 叶片根部严重污染。叶片根部严重污染后，影响检修人员对螺栓力矩标记线、叶片根部状态等的判断，污染物还可能进一步污染轮毂内其他电气设备。

解决方案　在发现叶片根部有废油溢出后应及时清理，防止大量黏附异物。

图2-13　叶片法兰及叶根表面全部被异物覆盖

`2-1-8` 叶片变桨电机保护罩脱落。变桨电机在轮毂内随时都在做离心运动，设备附件脱落后可能对轮毂内电气设备产生较大危害。变桨电机保护罩也有保护电机非驱动端设备的作用。

解决方案　应加强巡检、定期维护的管理，及时补全缺失的电机保护罩，如不能及时补全应捡出所有保护罩碎片，防止叶轮旋转时损坏其他设备，但后期应及时修复。

图2-14　变桨电机风扇罩脱落

`2-1-9` 叶片变桨齿圈润滑不良或受到污染。变桨齿圈得不到良好润滑，齿轮表面会出现磨损、点蚀、胶合、塑性变形等情况，而且变桨时会有较大异音。

解决方案 应检查润滑系统失效原因，并及时修复，清理齿面污染物，并根据当地气候条件和厂家维护手册合理制定润滑脂加注量、加注时间。

图 2-15　注脂齿轮没有油脂　　　　　图 2-16　减速机齿面受损

2-1-10 叶片内部人孔门固定螺栓缺失。叶片内部人孔门及固定螺栓脱落后，在叶轮转动过程中可能对轮毂内设备造成致命伤害，致使机组停机，影响机组发电量。在工作人员进入轮毂作业时，如果照明不理想可能出现踏空危险。

解决方案 应在巡检、定期维护时对人孔门固定螺栓进行仔细检查，并校验力矩，如发现人孔门盖板或固定螺栓缺失，应明确其去处并及时处理，保证轮毂内没有未固定的设备。

图 2-17　人孔门固定螺栓缺失

第二节

机舱隐患及解决方案

2-2-1 轮毂锁定设备损伤。检修人员通过将锁定销插入锁定盘孔中将风轮锁定，如果锁定盘严重损坏可能造成锁定销插不进孔或脱扣，对进入轮毂工作人员产生安全威胁。同样，锁定销子固定装置损坏也可能造成锁定销脱扣。

解决方案　在使用轮毂锁定装置时应仔细确认可锁定位置，防止锁定设备受损。对已经损坏的锁定盘应确认其是否可继续使用，对损坏的锁定销固定装置必须立即更换。

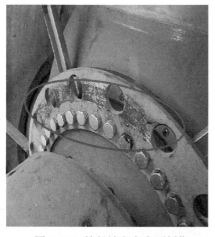 

图 2-18　轮毂锁定盘表面划伤　　　　图 2-19　锁定销固定装置破裂

2-2-2 齿轮箱润滑油冷散热器表面大量阻塞。齿轮箱润滑油冷却多采用风冷方式冷却，通过大功率风扇对散热器内润滑油降温，达到整体冷却的目的，如果散热器表面阻塞，风扇对散热器内润滑油冷却效果会直接下降，从而造成齿轮箱高温，机组限功率运行或停机。

解决方案　可以在机组定期维护时，使用水泵清洗散热器表面，但应注意水压不要过大，否则可能伤害散热器。另外，如不能有效控制清洗用水，则应改为使用大功率吸尘器清理。

图 2-20　润滑油油冷散热器表面阻塞

图 2-21　润滑油油冷散热器表面阻塞

2-2-3　发电机定子、转子接线箱螺栓未紧固。接线箱内部为发电机转子、定子动力电缆接头，如果接线箱盖板螺栓未紧固导致接线箱不密封，内部设备可能受潮、灰尘污染，导致绝缘降低。

解决方案　应在巡检、定期维护时对人孔门固定螺栓进行仔细检查，发现缺失螺栓应及时恢复，并进行力矩校验。

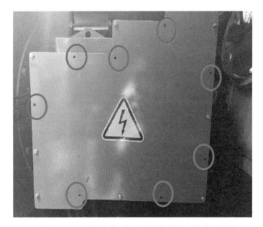

图 2-22　发电机定子接线箱螺栓未紧固

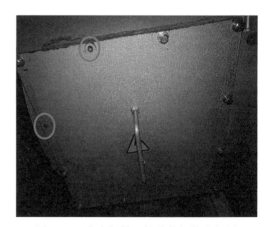

图 2-23　发电机转子接线箱螺栓未紧固

2-2-4　机舱壁孔洞盖板缺失。机舱中裸露孔洞多为机组维护期进行设备维修、改造所致，缺失盖板的孔洞直接威胁到检修维护人员的人身安全，在冬季也会造成机舱温度过低，机组不能启机情况。

解决方案　应详细统计所有风机机舱壁孔洞盖板缺失情况，并制定统一技改方案，补全盖板，防止人身伤害。

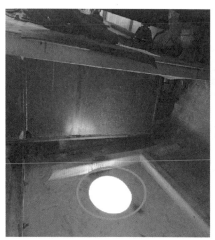

图 2-24　无盖板

2-2-5 服务吊车吊装孔盖板未固定或无护栏。护栏保护着检修维护人员操作服务吊车时的安全，吊装孔盖板如果没有固定，在机组运行时可能因震动打开，造成安全隐患，在冬季也会造成机舱温度过低，机组不能启机情况。

解决方案 应及时关闭盖板，修复盖板固定装置，如吊装孔盖板没有护栏，应合理设计方案，加装护栏。

图 2-25　盖板未固定　　　　　　　图 2-26　无护栏

2-2-6 液压站严重漏油。液压站为液压变桨风机提供变桨驱动力，为高速轴液压刹车及液压偏航机组提供液压动力。液压站严重漏油可能导致液压站突然停止工作，失去刹车、变桨功能，外溢的大量油液也会污染其他电气设备，存在引发火灾的隐患。

解决方案 液压系统异常机组应及时停机处理，修复损坏设备，密封不严的液压系统应及时更换密封圈并清理油污。

图 2-27 液压站严重漏油

2-2-7 主轴、发电机保护漆膜损坏。可能造成设备锈蚀。

解决方案 机组吊装、调试等工作均可能造成设备外壳漆膜损坏，应及时进行除锈、补漆处理，防止设备锈蚀。

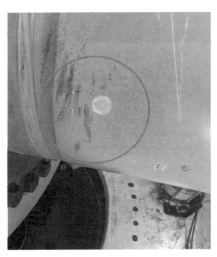

图 2-28 主轴漆膜破损

图 2-29 发电机漆膜破损

2-2-8 机组传动链旋转单元过于裸露。检修维护人员在主轴区域工作时，有被意外伤害的风险。

解决方案 建议加装护板挡住轮毂锁定盘部分。如不易加装护板，则应按 DL/T 796 《风力发电场安全规程》中 5.2.3 条的规定设置"当心机械伤人"标识，并对工作人员进行相应安全提示。

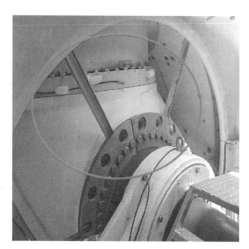

图 2-30 旋转部分没有保护罩

2-2-9 手、自动消防系统设备异常。机组发生火灾时不能有效起到灭火作用。

解决方案 应按 GB 50140《建筑灭火器配置设计规范》和 DL/T 796 要求配置自动消防系统，配备合格灭火器。消防器材应定期进行检查，保证完好。

图 2-31 控制系统未上电

图 2-32 电源模块未上电

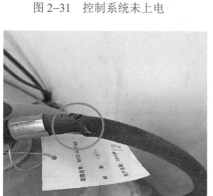

图 2-33 灭火器胶管老化

图 2-34 灭火器泄漏

2-2-10 高速轴防护罩未恢复安装。工作人员在此处工作时有被意外伤害的风险。

解决方案 应按照 DL/T 796 中 7.1.6 条的要求，在机组高速轴和刹车系统防护罩未就位时，禁止启动机组。及时回装高速轴外罩，保证机组安全运行。

图 2-35 高速轴未安装护罩

2-2-11 偏航电机刹车解锁把手或护罩脱落。偏航电机刹车护罩起到保护隔离偏航电机的作用；机组在特殊情况时，检修维护人员可能需要操作把手手动解锁偏航电机。

解决方案 应在巡检、定期维护时及时补齐风扇外罩，补全偏航电机解锁把手。

图 2-36 偏航电机刹车解锁把手缺失　　　图 2-37 偏航电机风扇护罩缺失

2-2-12 偏航减速器大齿润滑不良。偏航减速器大齿润滑不良后，齿轮表面会出现磨损、点蚀、胶合、塑性变形等情况，而且变桨时会有较大异声。

解决方案 应在巡检、定期维护时对偏航齿圈仔细检查，如润滑异常，应检查润滑系统失效原因，清理齿面污染物，并合理润滑。

图 2-38 大齿压痕

2-2-13 风力发电机组自动偏航时异响严重，频繁引发振动传感器报警。偏航系统振动对管路连接、紧固力矩、电气接线、零部件强度都会造成较大影响，易造成机械部件损坏及保护误动。偏航盘盘面磨损主要原因有：运行初期，液压刹车压力设定错误，偏航盘在过高压力时偏航；刹车片材质选择错误。

解决方案 发现偏航系统异常振动应立即查明原因，消除振动，严禁解除保护或将设备超设计值强制运行。应及时联系风机厂家进行技术分析，确定偏航系统能否满足运行要求，如不能满足运行要求应及时更换。

图 2-39 刹车卡钳处大量碎屑

图 2-40 盘面大量深划痕

2-2-14 服务吊车带病运行。服务吊车为工作人员维护风机提供方便，吊车损坏或异常不利于机组检修维护工作的开展，会大量增加工作人员劳动强度，且存在安全隐患。

解决方案 吊车损坏或异常应及时处理，避免设备带病运行。

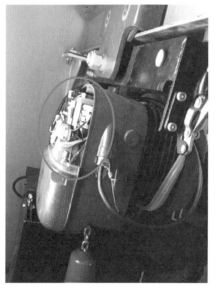 

图 2-41 服务吊车接线盒未安装护罩　　　　图 2-42 服务吊车固定螺栓丢失

2-2-15 机组自动注脂机缺油、注油管路漏油。润滑油起到润滑、冷却、清洁的作用，如果缺少油脂，可能造成发电机、叶片、主轴轴承损坏，引起机组长期停机。

解决方案 维护人员应在定期维护时补满注脂机，防止自动注脂机不能正常润滑设备，对损坏的润滑脂管路应及时修复，防止污染其他设备。

图 2-43 发电机注脂机缺油图　　　　图 2-44 叶片注脂机管路漏油

2-2-16 齿轮箱油位低。齿轮箱油不足可能造成齿轮润滑不良，造成齿轮磨损、发热，降低齿轮箱寿命。

解决方案　应查明缺油原因，及时处理并补油。

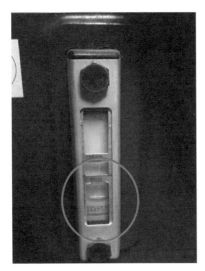

图 2-45　齿轮箱油位低于下限

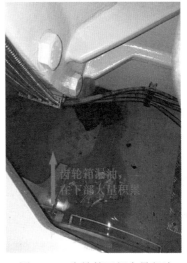

图 2-46　齿轮箱下部大量积油

2-2-17　发电机集电环室严重积碳。大量积碳后可能造成滑环绝缘降低，危害设备安全运行。

解决方案　发电机集电环室严重积碳主要原因是滑环室通风不良。机组维护时应及时维修滑环室排风系统，可使用大功率吸尘器对滑环室进行清理。

图 2-47　较严重积碳

2-2-18　发电机集电环室排碳粉系统设计缺陷。发电机集电环室排碳粉系统设计缺陷，导致碳粉被直接排入机舱内部，严重污染机舱，对登机作业人员有一定人身威胁。

解决方案　应对机组发电机滑环室排碳设备加以技改，通过专用孔洞将碳粉排出机舱。

图 2-48　碳粉被直排入机舱

2-2-19　发电机地脚高强螺栓力矩标记线错位，弹性支撑锈蚀。螺栓标记线错位可能为螺栓松动，进而造成发电机与齿轮箱轴向错位后，致使传动链设备损坏。

　　解决方案　螺栓力矩标记线用来指示螺栓是否异常。维护人员在校验螺栓力矩时应及时进行标记，当发现标记线错位时必须重新校验螺栓力矩，保证高强螺栓不松动。对生锈的弹性支撑进行除锈处理，必要时进行更换。

图 2-49　螺栓力矩标记线已错位　　　　　　图 2-50　螺栓力矩标记线已错位

2-2-20　风机齿轮箱水平方向有较大偏移。说明风力发电机组传动系中心线已偏移，可能主轴承、齿轮箱或主轴已发生损坏，或弹性支承已失效。

　　解决方案　现场发现齿轮箱两侧弹性支撑距离已有明显差距，通过对中数据和现场对中痕迹发现，发电机偏移情况与齿轮箱偏移情况相符，说明传动系已经偏移，有大部件损坏的隐患。建议立即查找原因，及时纠正偏移，避免发生轴系大部件设备损坏。

图 2-51 齿轮箱两侧距支撑部位间隙及发电机底座敲击痕迹

2-2-21 发电机集电环室电刷磨损检测装置损坏。发电机电刷属于正常损耗部件，电刷会持续磨损变短，其磨损检测装置发出告警提示更换电刷。如其检测装置损坏则可能造成电刷磨损后不能及时更换，引起滑环损伤。

解决方案 应在巡检、定期维护时检查碳刷长度，如电刷磨损检测装置损坏应及时修复。

2-2-22 发电机非驱动端转速编码器损坏。发电机非驱动端转速编码器为变流器提供发电机转速数据，是变流器进行功率调节的一个重要参数。编码器异常可能造成机组输出功率异常。

图 2-52 检测装置损坏脱落

解决方案 应及时修复编码器，并恢复正常接线，连接屏蔽层。

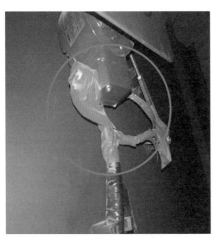

图 2-53 编码器线路屏蔽线随意接线

图 2-54 编码器外壳损坏

2-2-23 随意接线、甩线，不按施工工艺手册安装线路接头。机组出厂后，由施工单位在机位安装部分线缆，虽然厂家运维人员在机组调试时会检查新安装的线缆，但还是存在随意接线、甩线、不按工艺做接头等情况。

解决方案 应按 GB 50171—2012《电气装置安装工程盘、柜及二次回路结线施工及验收规范》4.0.1 条的要求合理布线、紧固螺栓。

图 2-55　线鼻子未压实接点发热

图 2-56　随意接线

图 2-57　线缆随意摆放

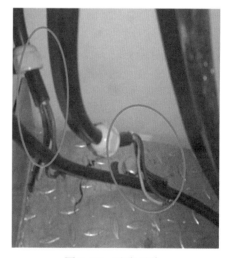

图 2-58　随意甩线

2-2-24 浪涌保护器失效。当风机电气回路中因为外界的干扰突然产生尖峰电流或者电压时，浪涌保护器能在极短的时间内导通分流，从而避免浪涌对回路中其他设备的损害。

解决方案 浪涌保护器颜色指示能明确区分其是否正常，应在巡检、定期维护时检查，当发现浪涌保护器颜色改变后，需要及时进行更换。

图 2-59　浪涌保护期颜色指示已变色

2-2-25　齿轮箱呼吸器失效、缺失。齿轮箱呼吸器失效可能造成齿轮油受潮污染。水分污染严重的油系统中，由于油黏度的降低，油品的润滑性也会降低。当水分出现在齿轮和轴承处时，水滴破裂（爆裂）会导致金属表面的点蚀，从而造成金属表面的损坏。

解决方案　应在巡检、定期维护时检查呼吸器硅胶，及时更换失效的呼吸器。

图 2-60　齿轮箱呼吸器硅胶变色　　图 2-61　齿轮箱呼吸器安装孔用手套封堵

2-2-26　发电机前轴承注油嘴丢失。有进入异物的风险，油脂与空气接触还会造成污染及硬化。

解决方案 润滑部位注油嘴丢失，应及时畅通油路重新安装注油嘴。

图 2-62 发电机前轴承注油嘴丢失

2-2-27 主轴溢油污染检测元器件。机组主轴轴承下方溢出废油，油黏附在传感器上会影响传感器数据准确性；元器件污染可能造成机组因测点故障停机或保护可靠性降低。

解决方案 更改传感器安装位置，如不易更改则应加强巡视力度，及时清理传感器上附着的油；在日常检修维护工作中应加强对测点检查，发现松动、污染等情况及时处理。

图 2-63 主轴转速传感器表面覆油　　　　图 2-64 主轴承温度传感器表面覆油

2-2-28 机舱密封失效导致底部积水。机舱密封不严可能造成内部积水，机舱积水后威胁到机舱内设备电气绝缘，对机组安全稳定运行产生威胁。

解决方案 风电场应在雨季到来前对机舱密封进行排查，如发现机舱密封不严现象应及时修复。

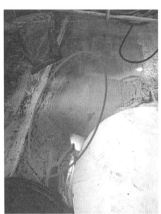

图 2-65　天窗密封失效导致漏雨　　　　　　　图 2-66　机舱积水

2-2-29　出舱作业没有安全绳定位点或牢固构件距离工作地点过远，威胁工作人员出舱作业安全。

　　解决方案　按照 DL/T 796《风力发电场安全规程》中 5.3.8 条的要求出舱工作必须使用安全带，系两根安全绳，安全绳应挂在安全绳定位点或牢固构件上，使用机舱顶部栏杆作为安全绳挂钩定位点时，每个栏杆最多悬挂两个，风电场应同厂家共同制定有效的人员出舱作业安全措施，保证出舱作业安全。

2-2-30　机舱照明设备损坏，不利于现场作业。

　　解决方案　按照 DL/T 796《风力发电场安全规程》5.2 "作业现场基本要求"，及时修理风机照明设备，使现场照明满足现场工作要求。

图 2-67　机舱顶部无安全导轨

图 2-68　灯架脱落　　　　　　　　　　图 2-69　灯不亮

2-2-31 发电机排风设备损坏。风冷发电机组采用大功率风扇将发电机内部热空气与机舱外部空气置换，如果排风设备损坏将导致发电机冷却效果降低，影响机组发电能力。

解决方案 应在巡检、定期维护时仔细检查排风筒是否完好，损坏的应及时更换。

2-2-32 主轴接地碳刷碳粉堆积过多、与滑道接触不良、滑道生锈，主轴承润滑油溢出在滑道和碳刷之间行程油膜、接地回路不通。主轴接地碳刷与滑道接触不良，将导致接触电阻增大影响导电性能。

解决方案 定期维护时应清理碳粉及油污、调节碳刷弹簧压力、清理接触面，并对其他防雷接地系统进行检查。

图 2-70 发电机排风筒损坏

图 2-71 主轴接地滑道生锈

图 2-72 接地碳刷卡滞

图 2-73 接地碳刷刷辫未接线

第三节

塔架隐患及解决方案

2-3-1 风电机组塔架安全标识缺失。

解决方案　按照 NB/T 31088《风电场安全标识设置设计规范》2.2 条"风电机组塔架安全标识"的规定补全标识。安全标识的尺寸、型式、材质等应符合该规程"附录 A 安全标志"的规定。

图 2-74　安全标识不全　　　　图 2-75　安全标识齐全

2-3-2 风电机组塔筒门防风挂钩缺失、固定销子失效。在风速较高情况下可能因为门随风动，存在挤伤工作人员的隐患。

解决方案　机组塔筒门表面积、重量都很大，被风吹动后产生很大动能，应及时补全防风挂钩、修复固定销子，防止对人员和设备安全造成威胁。

图 2-76　防风挂钩缺失　　　　图 2-77　固定销子折断

2-3-3 风电机组塔筒与基础环连接螺栓（外法兰）保护罩缺失，造成高强螺栓锈蚀，影响螺栓效用。

解决方案 对外界气候条件较恶劣地区机组塔筒与基础环连接螺栓加装保护罩，防止螺栓锈蚀。如螺栓已经生锈，则应及时更换新螺栓并补全保护罩。

图 2-78　螺栓防护帽部分缺失

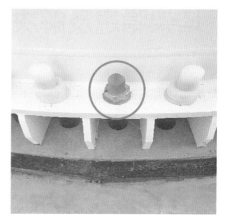

图 2-79　螺栓已经锈蚀

2-3-4 发电机组塔基处通风口或引风机损坏。机组塔架内气流有烟囱效应，塔基通风口有规律的开关有利于机组整体温度调节。另外通风口不能正常关闭的机组，受光亮或热量吸引，会导致大量飞虫进入，污染机组。

解决方案 应在巡检、定期维护时修复损坏的排风口或引风机。

图 2-80　通风口损坏

图 2-81　排风扇电源未接线

2-3-5 室外爬梯阶梯、底角未固定。机组室外爬梯阶梯、底角不固定，存在工作人员攀登时有踏空危险。

解决方案 工作人员攀登爬梯前应检查爬梯工况，对阶梯固定螺栓缺失、底角松动及时处理。

图 2-82 爬梯底角未固定（一）

图 2-83 爬梯底角未固定（二）

2-3-6 塔筒底部平台盖板缺失或不能正常关闭。机组塔筒底部平台起到设备支撑及人员工作平台作用，如果平台孔洞没有盖板或护栏对工作人员有一定安全威胁。

解决方案 应统计盖板缺失，及时补全盖板或加装护栏。

图 2-84 盖板缺失

图 2-85 盖板与电缆发生干涉

2-3-7 塔筒顶部平台盖板不能正常关闭。机组塔筒顶部平台作为人员工作平台，如果平台孔洞没有盖板或护栏对工作人员有一定安全威胁。

解决方案 应对不能正常关闭的盖板进行技改，如不易更改应加装护栏。

图 2-86 盖板与免爬器发生干涉

图 2-87 盖板与钢丝绳发生干涉

2-3-8 电梯通道护栏损坏，电梯通道护栏损坏后威胁平台上工作人员安全。

解决方案 工作人员使用电梯前应仔细检查护栏是否完好，并及时修复损坏的护栏。

图 2-88　护栏损坏　　　　　　　　　　图 2-89　护栏警示牌随意捆绑

2-3-9 止坠器导轨接头错位。工作人员所用止坠器安装在止坠器导轨上，在工作人员经过错位地点时只能将止坠器解开，存在高处坠落隐患。

解决方案 巡检、定期维护时应仔细检查，使塔筒内附件满足工作人员安全进出机舱要求。

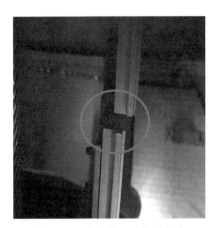

图 2-90　止坠器导轨接头错位　　　　　图 2-91　导轨安装止坠器被卡住

2-3-10 电缆护套失效导致动力电缆磨损放电，机组故障停机。

解决方案 风电机组由于扭缆需要，动力电缆有一段自由下坠，机组正常运行时需要护套保护，如果护套失效，电缆绝缘层极易因振动摩擦破损，最终对附件金属部分放电，造成机组故障停机。定期维护时应对电缆护套进行紧固，有损坏的应及时更换。

图 2-92　护套缺失

图 2-93　电缆绝缘损坏后放电损坏

2-3-11　导电轨支架设计、安装缺陷导致导电轨对地放电。导电轨固定支架螺栓一端距离导电轨过近，机组高负荷运行时，导电轨导流增大，对支架螺栓放电，导致机组停机。

　　解决方案　应合理选型、安装固定螺栓，采用沉头螺栓固定支架，且安装后保证另一侧螺帽平整无毛刺。

图 2-94　固定支架螺栓处发黑

图 2-95　沉头螺栓

2-3-12　机组塔基柜 UPS 缺失。UPS 为机组失电时故障追忆或低电压穿越提供不间断电源。UPS 损坏后，在电网掉电等异常情况下，控制系统及重要设备均会因失电而停止工作，可能会造成风机保护拒动作，引发重大事故。

　　解决方案　定期维护时应检查 UPS 电压、容量，确定其满足使用要求，必要时更换电池。根据 NB/T 31017—2011《双馈风力发电机组主控制系统技术规范》，在电网失电的情况下，主控系统备用电源应能独立供电不少于 30min，确保主控系统有充足的时间控制变流器和变桨系统安全把机组停下来，并完成相关故障数据的记录等工作。应立即进行 UPS 更换或修复，确保停电期间风机备用电源安全。

图 2-96　UPS 缺失或充电回路短接

2-3-13　电梯柜门损坏，对乘坐电梯人员造成安全风险。

解决方案　应定期对电梯进行维护，紧固各柜体连接螺栓。

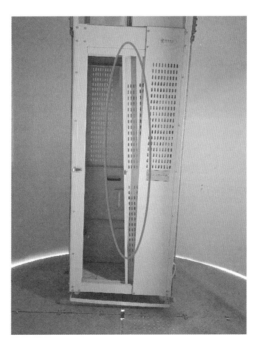

图 2-97　电梯柜门损坏

2-3-14　塔基线缆随意摆放，塔基内部线缆布局没有按照图纸施工。线缆随意放置，工艺质量过差。

解决方案　应按照 DL/T 5344《电力光纤通信工程验收规范》要求，尾纤应盘入牢固安装的光纤配线盒内。

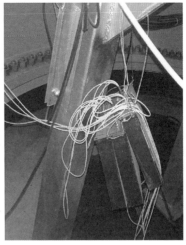

图 2-98　通信光缆随意放置

2-3-15　变流器冷却系统管路通道未做密封。可能使塔基温度过低停机、飞虫飞入机组内部污染机组。

解决方案　变流器冷却系统如采用外部冷却方式，应对冷却系统管路进行密封。

2-3-16　塔筒法兰连接螺栓松动、力矩标线错位，螺栓力矩标记线用来指示螺栓是否异常。

解决方案　维护人员在校验螺栓力矩时应及时进行标记，当发现螺栓松动、标记线错位时必须重新效验螺栓力矩，保证高强螺栓不松动。

图 2-99　冷却水管周围未做密封

图 2-100　塔筒螺栓力矩标记线错位

2-3-17　塔基控制柜受飞虫污染。

解决方案　塔筒门或通风口均应有密封措施，防止飞虫进入风机，定期维护时应及时清理飞虫尸体。

图 2-101 塔基控制柜内昆虫尸体

2-3-18 动力电缆固定装置紧固螺栓失效。动力电缆松动后自然下坠致使固定的电缆受力过大，电缆绝缘层受到损坏，造成机组停机。

解决方案 加强巡检工作管理，在定期维护时应校验螺栓力矩，更换失效螺栓。

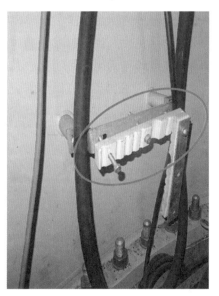

图 2-102 电缆固定夹脱落失去作用

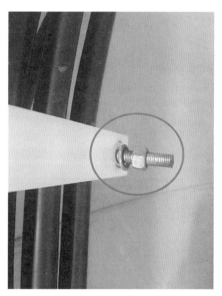

图 2-103 螺栓松动

2-3-19 电缆孔洞未做有效防火封堵或防火封堵失效。可能造成在电缆设备着火时因烟囱效应扩大事故范围。

解决方案 按照国能安全〔2014〕161 号《防止电力生产事故的二十五项重点要求》中"机舱通往塔筒穿越平台、柜、盘等处电缆孔洞和盘面缝隙采用有效的封堵措施且涂刷电缆防火涂料"的要求，对电缆孔洞、通道进行防火封堵。

图 2-104　平台未做防火封堵　　　　　图 2-105　塔基处电缆孔洞防火封堵脱落

2-3-20 平台中央电缆孔洞未装护栏。存在工作人员在平台工作时踏空的隐患。

解决方案　加装护栏。

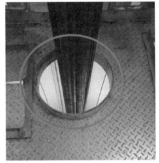

图 2-106　平台中央电缆孔洞未装护栏

2-3-21 塔筒漆膜被破坏。如图 2-107 所示塔筒表面漆膜被破坏，造成漆膜内部金属材料锈蚀，如不及时处理将造成扩散性漆膜脱落，可能使风力发电机组塔架腐蚀加剧，造成塔筒焊缝开裂或钢结构强度下降。

解决方案　风力发电机组塔筒内、外壁喷漆应按照相应环境条件下防腐要求进行施工。对于脱漆部位要及时进行防腐处理，防止塔筒焊缝及金属部位因腐蚀造成性能下降。对塔筒漆膜受损应加强重视，及时对塔筒已经生锈部分做除锈处理，并补全漆膜。

图 2-107　塔筒大面积漆膜受损　　　　图 2-108　漆膜受损、金属件表面锈蚀

2-3-22 塔基柜内变压器过于裸露。工作人员进行风机维护时需要频繁打开塔基控制柜柜门，裸露的变压器对工作人员有一定的安全威胁。

解决方案 在变压器正面加装护板。

图 2-109 裸露变压器

2-3-23 塔基平台支撑未固定、平台错位。机组塔筒底部平台起到设备支撑及作为人员工作平台的作用，平台不固定或错位对工作人员均有安全威胁。

解决方案 加强工程施工管理，对人身安全有威胁的隐患应及时处理，调整塔基平台安装位置。如不能调整平台位置，应设置明显警示牌或加装盖板。

图 2-110 塔基平台支撑未固定　　　　图 2-111 塔基平台用木板支撑

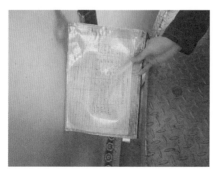

图 2-112 塔基平台错位（一）　　　　图 2-113 塔基平台错位（二）

第四节

基础隐患及解决方案

2-4-1 基础开裂或外侧回填土受雨水冲刷。机组基础开裂或回填土大量缺失均威胁到机组安全稳定运行。

解决方案 建议加强对基础有隐患的风电机组的巡查工作。对威胁较大的隐患应及时处理。

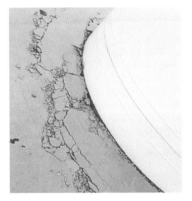

图 2-114　基础混凝土开裂

图 2-115　外侧回填土受雨水冲刷

图 2-116　基础防护台裂纹

2-4-2 基层沉降观测点缺失、失效、无防护。可能造成机组基础沉降不能得到及时告警，进而使隐患扩大，甚至引发机组倒塔。

解决方案 观测点的设置、安装、防护应分别符合 DL/T 5445《电力工程施工测量技术规范》、JGJ8《建筑变形测量规范》的规定，以保证其稳定、可靠、不被破坏和方便观测为原则进行安装。沉降观测应符合 GB/T 51121《风力发电工程施工与验收规范》中5.1.2 的规定，并认真执行，保证风机基础异常沉降能第一时间告警。

 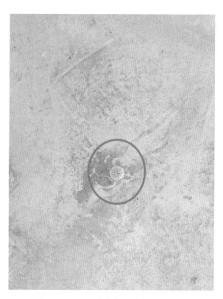

图 2-117　观测点无防护措施　　　　　　图 2-118　观测点只能垂直看到

图 2-119　没有观测点

2-4-3　基础受潮，受油水侵蚀。基础受潮，可能导致设备电气绝缘降低，有相间、对地放电隐患，严重威胁机组安全运行。基础受潮、受油水侵蚀，将影响基础寿命，污染基础内线缆及电气设备。

解决方案　加强基础冬季巡检，发现有基础受潮后应及时对其进行驱潮处理，及时清理基础内油水混合物，也可以对基础进行适当技改，如加装驱潮器。

图 2-120　基础环法兰螺栓覆霜

图 2-121　基础内积水

第五节

风机控制系统隐患及解决方案

2-5-1 控制面板损坏、缺失。面板损坏或缺失虽不影响风力发电机组运行，但影响风机就地维护消缺，同时给维护人员带来安全隐患。

解决方案　风力发电机组就地控制面板可协助维护人员查看风机数据并对各系统部件进行调试与控制。在巡检维护中发现控制面板损坏、缺失或反应不灵敏时，应及时进行更换。

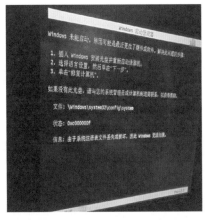

图 2-122　控制屏操作系统损坏

图 2-123　控制屏缺失

2-5-2 急停按钮接触不良，接线不规范，无复位保持机构。急停按钮接触不良或接线不正确可能造成急停回路异常或急停按钮失效，在需要进行风机急停操作时无法停机，将会引发严重后果。

解决方案 根据 NB/T 31017—2011《双馈风力发电机组主控制系统技术规范》，柜体的旋钮控制开关、转换开关按钮等操作和调整件应操作灵活，不得有卡死、松动和接触不良等现象，不得有振动后松动或状态改变的现象。应立即消除缺陷并做停机回路测试，确保安全链回路各节点功能正常。

2-5-3 紧急停机收桨速度过慢。如遇特定工况，桨叶无法在规定时间收回可能引发风力发电机组超速、倒塔等恶性事故。

解决方案 紧急停机后机组应以最快速度进行收桨操作，如电源异常或机构卡涩可能造成收桨速度过慢。根据 NB/T 31017—2011《双馈风力发电机组主控制系统技术规范》，紧急停机时变桨速度应介于 6°/s～12°/s。若超过此限制或风力发电机组制造厂规定值，应及时查明原因消除故障。

2-5-4 风力发电机组就地偏航控制按钮损坏、未接线或系统权限低。偏航控制异常可能造成调试不便，在发生紧急情况时还可能造成因无法及时处理造成事故扩大。

解决方案 根据 NB/T 31017—2011《双馈风力发电机组主控制系统技术规范》，检修控制模式下，偏航系统无故障，应当可以人为手动偏航操作，优先级为顶部机舱手动偏航＞塔基手动偏航＞中央监控室远程偏航。应及时修复控制面板功能，校核系统操作权限。

2-5-5 偏航偏差角度过大。偏航偏差角度过大会造成机组不能最佳对风，造成发电量损失或载荷不均。

解决方案 根据 NB/T 31017—2011《双馈风力发电机组主控制系统技术规范》，风向仪、风速仪、偏航系统无故障且风速大于偏航启动要求的最低风速时，系统应根据风向与机舱夹角自动跟风；风速小于设定值时，自动偏航对风偏差不大于 16°；风速等于或大于设定值时，自动偏航对风偏差不大于 8°。应及时调校偏航系统误差，确保系统运行正常。

2-5-6 扭缆保护未接入安全链系统。扭缆保护为风力发电机组重要保护，当发生偏航继电器黏连等异常情况时风机无法解除偏航，可能造成电缆严重扭曲引发火灾等重大事故。

解决方案 根据 GB/T 18451.1《风力发电机组 设计要求》，非正常电缆缠绕应激活保护功能，应及时变更安全链系统设计，串入扭缆保护功能。

2-5-7 安全链动作后控制系统无故障报警，或报警仅为安全链总出口报警，无对应节点信息。可能造成生产人员误判断或盲目复位，造成风机带病运行，隐患扩大。

　　解决方案　安全链作为风力发电机组最重要的保护功能，必须保证高可靠性。根据NB/T 31017—2011《双馈风力发电机组主控制系统技术规范》，安全链系统的设计采用失效—安全控制模式，这种控制模式的运行独立于主控制器，变流器紧停、变桨系统紧停、塔基柜紧停、机舱柜紧停、过速、过振动、过扭缆信号应串入安全回路，其中任意一个断开，都应引起安全出口动作，立即向变桨系统和变流器输出急停信号。主控制器应能正确记录相关 SOE 和事故追忆数据，安全链系统是为风力发电机组提供最后的可靠安全保障，应完善安全链报警信息，增加安全链系统可靠性。

2-5-8 风力发电机组无低电压穿越能力或低电压穿越设备无法满足系统要求。在电网出现故障时可能会引发电网电压迅速跌落，不符合电网要求。

　　解决方案　当电网故障或扰动引起风电场并网点的电压跌落时，风电机组在电压跌落的范围内应能够不间断并网运行。符合容量要求的风力发电机组应根据 NB/T 31017—2011《双馈风力发电机组主控制系统技术规范》，主控系统应能控制变桨系统、变流器满足电网对风力发电机组低电压穿越的要求，低电压穿越期间应能保证机组不停机、不超速、不脱网。在执行中应按照国家、地方及区域电网有关低电压穿越法规、政策执行，部分规定对单机容量较小的机组不做低电压穿越要求，而部分规定在低电压穿越性能的要求外还要求风力发电机组具备高电压穿越能力。在机组选型及后期改造时应充分注意，避免不必要的浪费。

2-5-9 风力发电机组控制柜内温度异常。控制柜温度过高或过低均可能导致控制器工作异常，从而引发系统死机、保护失效等严重后果。

　　解决方案　根据 NB/T 31017—2011《双馈风力发电机组主控制系统技术规范》，主控系统应配备完备的智能温度调节功能确保在规定的使用条件下正常安全工作；低温环境下有自动加热系统，高温环境下有自动散热系统。应立即修复加热或冷却系统，确保温度事宜且可自动调节。

2-5-10 风力发电机组就地控制面板无法记录故障历史记录。就地控制面板无故障查询功能会造成检修维护人员工作不便，特别是需进行故障追忆时，记录的缺失会给故障分析带来巨大困难。

　　解决方案　根据 NB/T 31017—2011《双馈风力发电机组主控制系统技术规范》，主控系统应能自动在本地控制器存储区记录不少于 128 条指定的最近发生的关键故障信息，保留时间不低于 6 个月，分辨精度至少应达到 5ms，以便事后故障的再现和分析。事故追忆记录分事故前和事故后两时段，两个时段的长短和采样间隔应可调整。一般追忆记录采样速率为 1 次/s，记录时间长度不少于 180s，其中：事故前 60s，事故后 120s。

应及时联系厂家进行改造。

2-5-11 风力发电机组就地时间不同步，未接入 GPS 对时系统。就地时间不同步将给故障查询及分析带来很大困扰。

解决方案 根据 NB/T 31017—2011《双馈风力发电机组主控制系统技术规范》，主控系统应设有硬件时钟电路，在失去电源的情况下，硬件时钟应能正常工作，精度应满足 24h 误差不大于±5s，并且支持校时功能。建议将风力发电机组就地控制器接入 GPS 对时系统并实现自动对时，确保风电场变电站、风机各主系统及辅助系统时间一致。

图 2-124 就地控制面板时间不同步

2-5-12 风力发电机组叶片桨距角偏差过大。风机桨距角偏差过大将造成风机气动性能下降，引发功率损失，严重时还将造成异常振动。

解决方案 根据 GB/T 32077—2015《风力发电机组变桨距系统》，风力发电机组在额定载荷下，变桨距系统定位误差不应大于 0.75°。采用统一变桨距控制的变桨距系统 3 个叶片的不同步不应大于 1°。应定期对风机桨距角实际位置进行核对，发现偏差及时处理。

2-5-13 风力发电机组不具备变桨系统及变桨系统控制柜温度保护功能。变桨系统温度保护不完善有可能在超温情况下继续运行，对变桨系统机电部件造成损坏，引发风机大部件故障或安全问题。

解决方案 根据 GB/T 32077—2015《风力发电机组变桨距系统》，在变桨距系统低温启动保护故障及变桨距控制柜内部温度过低/高故障时，变桨距系统应能够自动安全顺桨。对不具备温度保护功能的机组，应及时安排技改，实现保护功能。

2-5-14 风力发电机组变桨蓄电池组容量不足。若蓄电池容量不足或不能可靠备用，风力发电机组的安全性能将大大下降。

解决方案 风力发电机组变桨蓄电池作为变桨系统的后备电源，在紧急情况下是收回叶片的唯一动力。根据 GB/T 32077—2015《风力发电机组 变桨距系统》，风力发电机组应采用免维护的铅酸蓄电池，电池的容量应满足变桨距电机工作在规定载荷情况下在整个变桨距角范围内完成不少于 3 次顺桨的能力。蓄电池组应有相应的温控系统，保证铅酸蓄电池装置在工作温度范围内正常可靠工作。电池应具备防爆功能，应能根据电池温度的变化自动调整电池的浮充电压，保证电池不过充。电池的使用寿命应不小于 2 年。对不符合上述要求的蓄电池，应及时处理确保风力发电机组变桨系统安全可靠。

2-5-15 风力发电机组变桨超级电容损坏或容量不足。若超级电容容量不足或不能可靠备用，风力发电机组的安全性能将大大下降。

解决方案 风力发电机组变桨超级电容作为变桨系统的后备电源，在紧急情况下是收回叶片的唯一动力。根据 GB/T 32077—2015《风力发电机组 变桨距系统》，风机超级电容容量应满足变桨距电机工作在规定载荷情况下在整个变桨距角范围内完成大于 1 次顺桨的能力。电容器应安装有减缓压力的阀门装置（电容过压或者极性接反会造成电容器内部压力增大）。整个超级电容器模块应具有电压、温度等保护信号的输出，可以将其接入上位机控制电路以实时监测电容器模块的状态。当出现异常时宜断开电容充电器并报相应故障。变桨距系统应具有检测电容柜温度、电容充电回路开路、电容过压及电压不平衡、充电器故障等功能。在一次满载顺桨后，对超级电容的充电时间应小于 10min。对不符合上述要求的超级电容，应及时处理确保风力发电机组变桨系统安全可靠。

2-5-16 风力发电机组液压变桨系统蓄能器失效或性能下降。若超级电容容量不足或不能可靠备用，风力发电机组的安全性能将大大下降。

解决方案 风力发电机组变桨蓄能器作为液压变桨系统的后备动力源，在紧急情况下是收回叶片的唯一动力。根据 GB/T 32077—2015《风力发电机组 变桨距系统》，蓄能器应满足液压缸在规定的载荷情况下工作，以最大变桨距速率在整个变桨距角范围内完成顺桨的能力。蓄能器应按设计要求充指定纯度的氮气，充气压力应小于或等于 0.8 倍的公称压力，并定期检查压力。蓄能器的回路中应设置释放及切断蓄能器液体的元件。对不符合上述要求的蓄能器，应及时处理确保风力发电机组变桨系统安全可靠。

2-5-17 低温型风力发电机组未配备机舱火灾报警装置。易引起风机火灾。

解决方案 低温型风力发电机组因加热器配置多、功率高、运行时间长。根据 GB/T 29543—2013《低温型风力发电机组》，配有机舱加热器的低温型风力发电机组，机舱内应设置火灾报警装置，火灾报警信号应送至控制系统进行监控。对无火灾报警装置的低温型风力发电机组，应及时进行改造，加强消防管理，避免出现火灾事故。

2-5-18 风力发电机组偏航系统转动速度过快。风力发电机组偏航转速过快会引起陀螺效应，造成风力发电机组受力异常。

解决方案 根据 JB/T 10425.1—2004《风力发电机组 偏航系统 第 1 部分：技术条

件》，风力发电机组功率为 1200～1500kW 时，偏航转速应≤0.085r/min。应定期对风力发电机组偏航速度进行检查，发现异常及时调整至正常范围。

2-5-19 风力发电机组偏航系统无阻尼运行，可能会造成偏航振动过大。

解决方案 风力发电机组在偏航过程中，系统应始终保持稳定的阻尼压力，以降低偏航振动。当液压系统损坏或为了降低偏航刹车片磨损时，可能在偏航运行时取消系统阻尼阻力。根据 JB/T 10425.1—2004《风力发电机组 偏航系统 第 1 部分：技术条件》，偏航过程中，应有合适的阻尼力矩，以保证偏航平稳、定位准确。风力发电机组在偏航过程中，系统应始终保持稳定的阻尼压力，以降低偏航振动，应对无阻尼运行的风力发电机组进行改造，实现偏航阻尼。

2-5-20 风机频繁报振动超限、主轴超速等故障。振动及超速保护属于风力发电机组重要保护，可能造成此类故障的原因较多，但若任其发展甚至更改定值屏蔽报警将会对风力发电机组安全运行构成严重威胁，甚至发生倒塔、超速等恶性事故。

解决方案 对于频繁报超速和振动超限的机组，应从控制系统及其他来源尽可能多地收集紧急停机时的信息，检查是否发生特殊事件，重点对故障发生时刻风机的状态进行分析，判断频繁报异常信息原因，彻底消除风机故障。

2-5-21 风电机组故障代码不完善。如 6413、4001、7436 等故障状态码在机组故障处理清单中无法查询到。风力发电机组应为维护人员提供良好的操作界面，故障仅有代码无描述将给维护消缺带来很大困难。

解决方案 风电机组故障代码不完善可能因程序未更新、代码库不匹配或程序内部有错误而造成。应由制造厂提供全部故障代码清单，并对各故障产生原因及处理方法详细描述，及时更新程序版本消除漏洞。

2-5-22 SCADA 系统功率曲线无法体现机组真实运行情况或严重偏离理论功率曲线。将为风力发电机组可靠性及经济性分析带来困难。功率曲线过高有可能是控制系统功率控制算法较差，长期超额定功率运行将给风力发电机组主要部件造成疲劳损坏。功率曲线过低则有可是控制系统存在缺陷，或在硬件上存在叶片零位不准、偏航角度不正等，造成风力发电机组气动性能不能满足额定出力。

解决方案 风力发电机组功率曲线是用来描绘风机输出功率与风速函数关系的曲线，可以用来衡量风机在各风速段能否达到标称出力，是风力发电机组的重要经济指标。部分监控系统数据缺失、失真，造成功率曲线分析工作无法开展，应定期通过数据分析或实测功率曲线等手段评估风机的真实发电能力。

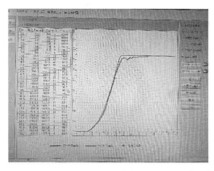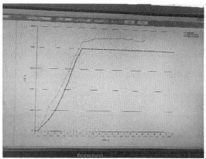

图 2-125　风机功率曲线偏离理论值

(2-5-23)　SCADA 系统历史数据导出和实时数据采集功能较弱，无法满足风机故障分析及优化运行的需求。

解决方案　部分 SCADA 系统功能单一、性能落后，不具备高性能的数据采集、存储、分析及转发功能要求。应与风力发电机组制造厂协商，完全开放数据库，提供标准的数据库接口和数据库存取功能，以便于后期进行功能扩展和二次开发等优化工作。

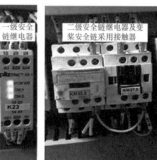

(2-5-24)　风力发电机组安全链回路中，用于触发一级安全链动作的继电器采用专业安全继电器，而二级安全链及变桨安全链回路继电器采用接触器。安全链系统存在因接触器线圈发生黏连导致风机安全链失效隐患。

解决方案　应使用安全继电器替代接触器，或制定维护计划，定期检查接触器性能，防止安全链出口继电器拒动隐患发生。

图 2-126　安全链出口继电器

(2-5-25)　风力发电机组安全链回路超速保护将主轴和高速轴超速保护输出继电器输出节点并联使用，两个超速保护回路构成了"与"逻辑，存在风力发电机组超速保护拒动隐患。

解决方案　主轴、发电机超速保护输出继电器输出节点应串联实现"或"逻辑，实现独立的主轴和高速轴超速保护控制系统，并确保保护回路可靠性。

(2-5-26)　风力发电机组部分参数显示异常。风力发电机组监控系统负责对各测点数据进行监控，部分重要测点数据中断或超限应触发风机停机或告警，但系统缺少参数报警及保护功能。如数据发生异常风机虽可继续运行，运行及检修人员对风机可能造成误判断，在发生缺陷停机后对风机数据分析也会带来不便。

解决方案　应定期巡检各测点状态，完善报警系统，发现异常应查找原因及时处理缺陷。

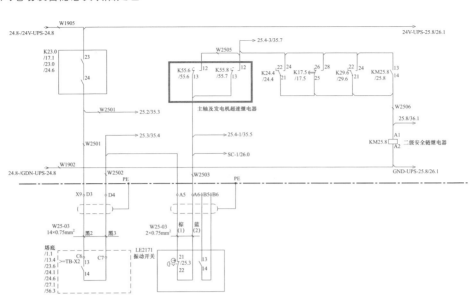

图 2-127 安全链回路超速节点并联

2-5-27 控制系统设置了定期(168h)紧急收桨功能测试程序,但未对紧急收桨自检失败后机组是否能自动退出自检模式并安全停机功能进行测试。某制造厂风机曾因无法退出自检模式且安全链被短接情况下发生倒塔事故。

解决方案 风力发电机组自检测试程序可定期对风机软件、紧急收桨回路硬件做安全测试,防止风机发生安全事故。但软件的测试功能必须周全考

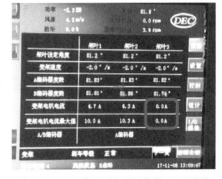

图 2-128 风机控制面板参数显示异常

虑可能出现的各种工况,防止在风机硬件存在缺陷时,自检测试无法完成收桨而又不能自动退出,造成风力发电机组桨叶不能收回造成超速、倒塔等恶性事故。

2-5-28 风力发电机组现场操作面板操作员密码登录后操作一直有效,存在一定安全隐患。风机现场操作可能涉及多人,若无锁屏功能可能会造成其他人误操作。

解决方案 应设置为当操作人员离开面板时,可人为切换锁屏状态或延时一定时间后无人操作自动锁屏。如需再次操作,必须再次登陆,输入密码。

2-5-29 风电机组安全链测试中,发现轮毂 FR2 继电器正常动作,但报警信号无法从监控画面报出,与图纸不符。

解决方案 风机各保护功能均应可靠连接至控制系统。对于超速、振动等重要回路,除将测点接入控制系统外还应连至安全链回路中。若测试中安全链触发,则测点另一通

道也应由控制系统监测并同时报出故障信息。反之若控制系统监测到安全回路动作信息，安全链节点也应断开执行紧急停机操作。在安全链或其他保护功能测试中应注意观察保护的出口动作情况及报文正确性。

2-5-30　风力发电机组无法修改保护定值或用户无修改定值权限。将造成软件、硬件超速等试验无法降参数传动。

解决方案　应与风力发电机组制造厂联系，开放定值查看、修改的权限，严格执行风机保护管理制度，进行正常的保护定值核对。对于条件不具备的，可研制试验装置，采取在保护测量元件前加入可控装置，以输入模拟测量信号的方式进行保护回路传动试验。

2-5-31　安全链测试中没有进行变桨后备电源紧急收桨前、后电压及容量测试工作。当后备电源性能下降时可能造成风力发电机组紧急收桨失败。

解决方案　变桨后备电源容量应结合安全链测试工作定期开展，防止后备电源性能下降或设备故障造成紧急收桨失败。应建立电池测试台账，进行快速收桨测试前、后电池电压及容量的测试，对于不符合要求的电池进行更换；完善保护试验卡内各项目的测试方法，应与实际操作相符。

2-5-32　安全链隐患排查方案中无针对短接线的检查项目。安全链保护若在接线中被短接，将造成保护拒动，引发风力发电机组重大事故。

解决方案　在调试及运行过程中，因人员素质或备件不到位等原因。现场可能存在短接或屏蔽保护的行为，存在风机保护拒动隐患。在定期维护及安全链测试工作中应对屏蔽线进行专项检查，与图纸进行逐项核对，确保接线正确、保护有效。

2-5-33　未建立风机保护管理制度。

解决方案　应规范风力发电机组的保护管理。风电场应建立保护管理制度，明确风机全部保护项目及触发条件、明确风机保护投退管理办法、明确风机保护定期试验要求与方法、明确风机各项保护定值及逻辑管理要求、对风机保护系统动作管理有相应要求等。风电场应将风机保护管理每项工作落实到具体岗位、落实到人。

2-5-34　控制柜内接线无编号。电缆接线无编号不仅容易错接，还为后期故障查找及设备改造带来了极大困难。

解决方案　应完善风机控制柜线缆编号，与图纸保持一致。

2-5-35　变频器超速定值与传动轴超速保护定值相同或低于传动轴保护定值。当发生超速后存在变频器超速先动作的情况，容易造成风机超速及停机载荷增大。

解决方案　变频器超速保护通过发电机编码器或发电机电能频率来判断传动轴转

速，动作后将直接断开变频器主断路器。为防止风机超速，变频器超速定值应略高于风机硬件超速保护定值。

图 2-129　控制柜内接线无编号

2-5-36　振动保护未接入安全链。当控制系统振动保护失灵时将无后备保护，可能引发风力发电机组失稳倒塔事故。

解决方案　风机振动保护属于风力发电机组重要保护，当控制系统失效或软件振动保护拒动时，安全链应仍能作用于紧急停机来保护风力发电机组安全。根据 GB/T 18451.1—2012《风力发电机组设计要求》，风力发电机组振动达到保护定值时应激活保护功能，风电场应及时变更安全链系统设计，实现安全链振动保护功能。

2-5-37　超速模块上接线有破皮、烧灼痕迹。可能造成线路接地、短路，引发重要保护误动、拒动。

解决方案　造成回路中接线外绝缘破皮、烧灼的原因主要为回路过流或接头虚接、磨损。应立即对风机重要保护的接线进行排查，发现有磨损、破皮、烧灼等异常现象要立即处理，防止出现保护失灵等严重后果。

图 2-130　超速模块上接线破皮、烧灼

2-5-38 接线端子虚接、过热或烧损。电缆与接触器接线端子接触面积不足或松动，导致接触部分异常发热，加速电缆老化，最终烧断。

解决方案　应及时检查风力发电机组接线情况，尤其是轮毂等转动部位，定期进行力矩紧固，防止电气设备故障。

图 2-131　接触器接线过热烧损

2-5-39 电容器损坏。电容器损坏将造成风力发电机组补偿容量不足或变频器报错。

解决方案　鼠笼型发电机组无功补偿及变频器的直流母线经常使用大容量电容器，系统瞬间过电压可能导致电容炸裂。应及时巡检并对电容器进行定期预防性试验，替换性能下降的电容器。

图 2-132　电容器膨胀损坏

2-5-40 滑环故障。滑环故障将引发机舱至轮毂通信异常或空气断路器跳闸，导致因信号报错停运，极端情况下安全链节点错位将造成保护误动或拒动。

解决方案　滑环负责将机舱内电源、信号及通信信息送至转动的轮毂内。属精密度较高设备，需定期维护保养。此台滑环的滑针跳串到别的滑道上，会导致信号错乱，强弱电互通，烧坏器件。应拆下滑环进行解体清洗，处理问题滑针，喷涂滑环润滑油，如滑道已损伤则更换滑环。

图 2-133　滑环滑针错位

2-5-41　变桨电机电流互感器损坏，人机界面显示该变桨电机电流值为 0。电流互感器损坏将会造成变桨电机失去过流保护。

　　解决方案　发现变桨电机电流互感器损坏应及时更换。

图 2-134　变桨电机电流互感器损坏

2-5-42　压力传感器损坏。液压站压力传感器故障会导致液压系统压力测量错误，风机报错，PLC 模拟量输入模块无法正确监测到压力传感器上传模拟电流信号。

　　解决方案　应更换同型号压力传感器，校对人机界面上显示压力与液压站压力表上实际压力相符，故障消除后启动风机运行。

2-5-43　风机火灾报警装置误报、失效或超期未检测。可能造成风机自动灭火系统故障，无法及时扑灭机组火灾，造成风力发电机组火灾事故。

　　解决方案　部分风力发电机组装有自动灭火系统或火灾报警装置，报警装置可直接触发灭火机构或将报警信息回传至

图 2-135　压力传感器损坏

主控。发现装置报警或失效损坏应及时维修，定期安排有资质单位对防火系统进行检测。

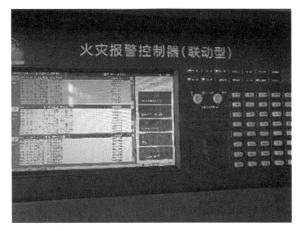

图 2-136　风机火灾报警装置报警频繁，故障信息未消除

2-5-44 风力发电机组监视画面参数无法显示。

解决方案　风力发电机组各测量单元将信号采集后送至 PLC，由主控程序进行信号识别与显示。监视画面参数无法显示，有可能为画面配置错误造成数据溢出，或信号采集装置开路损坏。应核对真实数据信息，及时修复硬件故障或软件程序。

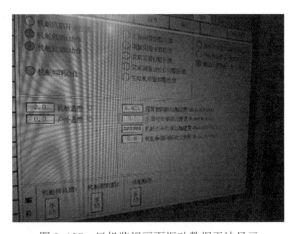

图 2-137　风机监视画面振动数据无法显示

2-5-45 风力发电机组开关量状态不易识别。容易在检修人员故障处理时造成混淆。

解决方案　风力发电机组各开关量测点将"0"或"1"开关量信息送给 PLC，主控系统根据测点状态进行逻辑判断，还通过开关量输出模块控制各接触器、模块等开关量控制设备。在系统内部定义时，有时对开关量描述不准确，且不同设备在系统中对应的开关量显示状态却不相同，造成理解困难。如本例中同样的故障信息，有的用"1"代表正常，有的用"0"代表正常，维护人员很难判断控制系统的定义方法。应在风机调试期间核对开关量状态及系统定义，避免在后期发生混乱。

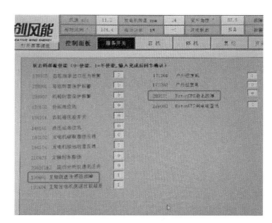

图 2-138　风机监控画面开关量状态不易理解

2-5-46 风力发电机组模拟量测量错误。模拟量信号测量错误，导致运行人员对机组运行情况判断失误，严重时发生保护误动或拒动，威胁机组安全经济运行。

解决方案 风力发电机组模拟量开路或故障后，风机控制系统应检测出测点异常并及时告警，对于个别控制系统未设置告警限值的数据，在运行人员监视画面时发现异常应及时安排检查处理。

图 2-139　发电机部分温度参数明显异常

2-5-47 风力发电机组振动摆锤参数设置错误。可能造成风力发电机组振动保护误动或拒动。

解决方案 风力发电机组振动摆锤靠摆针上的重锤感知机舱振动量，重锤距底座距离越长、重锤质量越大，振动保护动作定值越小；反之，重锤距底座距离越近、重锤质量越轻，振动保护动作定值越大。本例振动摆锤设定值可能偏大，且摆针已弯曲，应及时对振动保护进行校准，防止保护动作值偏移。

图 2-140　振动开关摆针已弯曲

2-5-48 风电场风机环网通信中断。风机通信中断将造成运行人员或调度自动化系统无法远程操作风机启停，亦无法监控风机状态。

解决方案 风力发电机组 PLC 死机、光端机故障、风电场光线环网断线及变电站内通信设备故障均可能导致风机网络中断。风力发电机组按照集电线路划分一般会将同一条集电线路上接入风机的通信接成环网或其他冗余式拓扑，保证单台风机或光缆线路出现异常时不会影响到其他风机通信。所以，当运行人员发现单台风机通信中断时，应首先排查是否此台风机出现异常，如风机已经停止运行，一般是 PLC 失电或死机等原因造成通信信号未能送出；如风机仍在运行且就地连接正常，则说明风机光端机或外部通信线路故障。当风电场发生多台风机同时无通信时，应重点检查线路地埋光缆是否被施工机具挖断，架空光缆是否被车辆挂断，以及站内通信交换机、光端机、服务器等设备运行情况。

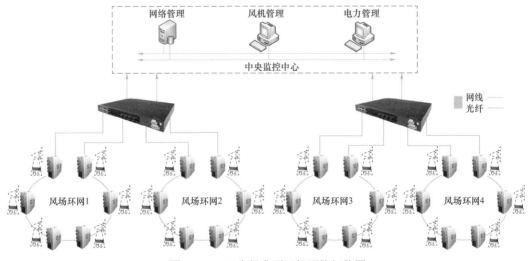

图 2-141 风电场典型风机网络拓扑图

2-5-49 风电场风机环网通信响应缓慢。风机通信响应缓慢将影响运行人员监视与控制。

解决方案 风电场风机环网通信响应缓慢的原因可能为：一是风电场在调试初期，通信调试人员未严格按照风电场通信环网图纸配置交换机 IP 地址；二是塔基交换机厂牌型号不一致造成网络冗余通信协议不兼容；三是风电现场未根据风电场实际情况配置 VLAN（虚拟局域网），导致广播可以在整个风电场内传播，从而发生广播风暴；四是单模光纤和多模光纤混用，或混用交换机单模、多模端口；五是交换机散热不畅。长时间在高温条件下工作发生数据丢包现象。风电场通信网络使用的是环形冗余双环网，由于其回路拓扑结构，本身就存在广播风暴的风险。风电场发生最大的通信故障即是广播风暴。风电场交换机网络属于同一个广播域，广播会扩展到每一条线路、每一个节点，并且风电场网络中存在回路，广播封包会在回路中不停地循环，无限循环的结果，仅仅一

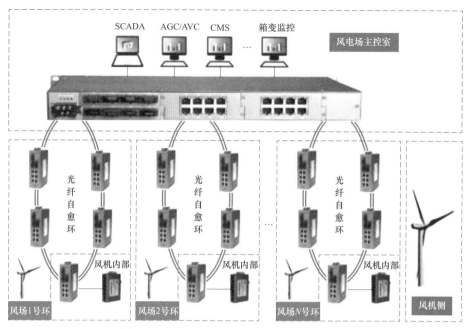

图 2-142　风电场各线路风机环形网络拓扑图

个广播包就会消耗全部带宽，导致网络瘫痪。频繁发生网络响应缓慢的风电场应一一校验交换机网络冗余协议，保证整个风电场内网络冗余协议一致。有条件的风电场应使用同一品牌、同一型号的交换机，同一品牌、同一型号的通信光纤，并保证交换机接线端口一致。值得注意的是，由于风机通信线路为环网，单条链路中断后通信可经另一条通道传输，仅从监控画面可能无法察觉。故还应经常检查风机通信系统运行情况，发现光纤中断及时修复，避免另一条链路中断造成风机通信全部失去。

第六节

一次设备隐患及解决方案

一、变压器类

2-6-1　主变压器安全爬梯未上锁。存在人员误登主变压器造成触电事故的隐患。

解决方案　应按照 DL/T 572《电力变压器运行规程》规定，加强运行安全管理，设立安全警示标识，并采取可靠防护措施加装安全锁。

图 2-143　主变压器安全爬梯未上锁

2-6-2　变压器本体渗油。变压器油位过低将会影响变压器冷却散热性能，还会导致内部受潮、绝缘强度下降，存在引发放电短路故障的隐患。

　　解决方案　风场人员应加强运行巡视，应按照 DL/T 572《电力变压器运行规程》、DL/T 573《电力变压器检修导则》相关要求，加强无渗漏管理，检查各渗漏点漏渗油情况，并及时处理。

图 2-144　变压器本体渗油

2-6-3　变压器事故放油阀放油口方向违反规程规定。存在事故排油时油液不能顺利进入排油池的隐患。

　　解决方案　应按照 DL/T 572《电力变压器运行规程》规定，将事故放油阀安装在变压器下部，且放油口朝下。

图 2-145　变压器排油口方向违反规程规定

2-6-4 主变压器铁芯接地位置违反运行规定。易产生悬浮电位,根据"小桥效应",引起变压器内部放电,造成绝缘油分解。

解决方案 应按照 DL/T 572《电力变压器运行规程》规定,变压器的铁芯接地点必须引至变压器底部,并符合热稳定要求。

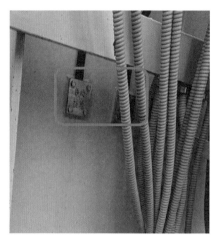

图 2-146 变压器铁芯接地位置违反运行规定

2-6-5 主变压器有载分接开关档位现场显示与后台监控显示不一致,可能导致主变压器实际档位与要求档位不一致。

解决方案 按照 DL/T 573《电力变压器检修导则》规定,各分接位置显示应正确一致。风场人员应检查有载调压装置、后台机及其接线,及时处理故障。

图 2-147 现场显示 10 档

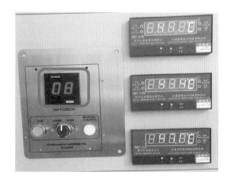

图 2-148 后台显示 8 档

2-6-6 变压器测温装置损坏。无法掌握变压器的健康状况,不利于正常监视变压器实际运行状态。

解决方案 按照 DL/T 572《电力变压器运行规程》规定,变压器的油温和温度计应正常。风场人员应按相关要求加强巡视,发现测温装置异常应及时检修或更换。

运行中主变压器温度表指针显示−20℃

图 2−149 变压器测温装置损坏

2-6-7 场用变压器运行中高压侧门未关闭、未上锁，存在造成触电事故的隐患。

解决方案 按照 DL/T 572《电力变压器运行规程》规定，变压器的门应采用阻燃或不燃材料，开门方向应向外侧，门上应标明变压器的名称和编号，门外应挂"止步，高压危险"标志牌，并应上锁。

图 2−150 变压器运行中高压侧门未关闭

2-6-8 变压器吸湿器油位低，吸湿剂变色，无法起到过滤气体的作用。

解决方案 按照 GB 50148《电气装置安装工程 电力变压器、油浸电抗器、互感器施工及验收规范》规定，吸湿器与储油柜间连接管密封应严密，吸湿剂应干燥无变色，油杯油位应在油位线上。

图 2−151 呼吸器油位低

图 2−152 呼吸器吸湿剂变色

二、互感器类

2-6-9 油浸式互感器渗油。存在互感器内部受潮，绝缘性能降低的隐患。

解决方案 按照 GB 50148《电气装置安装工程　电力变压器、油浸电抗器、互感器施工及验收规范》规定，油浸式互感器油位应正常，密封应严密，无渗油现象。风场人员应加强运行巡视，监视互感器油位，及时处理渗油点并根据情况适当补充绝缘油。

图 2-153　互感器渗油

三、断路器类

2-6-10 断路器 SF_6 气体密度继电器渗油，存在误发报警信号或误闭锁风险。

解决方案 应按照 DL/T 259《六氟化硫气体密度继电器校验规程》规定，对于充注防震油的密度继电器，其内部的防震油应清澈透明无杂质，无渗漏现象。风场人员应及时更换渗油 SF_6 气体密度继电器。

图 2-154　断路器 SF_6 气体密度继电器渗油

2-6-11　断路器主回路电阻超标。存在断路器触头发热，严重时触头融化黏连，导致故障时拒动，造成扩大事故范围的隐患。

解决方案　按照 DL/T 596《电力设备预防性试验规程》规定，断路器主回路电阻值不应大于 50μΩ。风场人员应查明原因，并根据原因做相应处理，一是调整机构的合闸弹簧，使机构合闸到位；二是调整触头压力簧的超程量，保证真空灭弧室的工作压力；三是更换新的真空灭弧室；四是检查导电接触面。

四、GIS 封闭组合电器

2-6-12　封闭组合电器两段法兰之间未安装跨接导线。存在因两段法兰之间易产生悬浮高电位，引发放电故障的隐患。

解决方案　按照 GB 50169《电气装置安装工程　接地装置施工及验收规范》规定，全封闭组合电器的外壳应按制造厂规定接地；法兰片间应采用跨接线连接，并应保证良好的电气通路。

图 2-155　两段法兰之间未安装跨接导线

五、无功补偿装置

2-6-13　无功补偿装置网门未实现"五防"功能。存在人员走错间隔和误操作的隐患。

解决方案　按照 DL/T 5242《35kV~220kV 变电站无功补偿装置设计技术规定》，无功补偿的隔离开关、接地开关、网门应具有"五防"功能，应对网门加装五防锁。

图 2-156　无功补偿装置网门未实现"五防"功能

六、过电压保护及接地装置

2-6-14 干式电抗器金属围栏接地闭环连接。干式电抗器产生的强磁场将会使金属围栏构成的闭合回路产生涡流，引起发热。

解决方案 按照 GB 50147《电气装置安装工程 高压电器施工及验收规范》规定，干式空心电抗器采取金属围栏时，金属围栏应设置明显断开点，不应通过自身和接地线构成闭合回路。

图 2-157 电抗器金属围栏接地闭环连接

2-6-15 主变压器中性点构架未可靠接地，存在失地运行，造成设备损坏的风险。

解决方案 按照 GB 50169《电气装置安装工程 接地装置施工及验收规范》、国能安全〔2014〕161 号《防止电力生产事故的二十五项重点要求》规定，变压器中性点应有两根与接地网主网格的不同边连接的接地引下线可靠连接，并且每根接地引下线均应符合热稳定要求。

图 2-158 主变压器中性点构架未可靠接地

2-6-16 隔离开关操作机构箱未可靠接地，无法保证人身和设备安全。

解决方案 应按照 GB 50169《电气装置安装工程 接地装置及施工验收规范》规定，将电气设备的传动装置可靠接地。

图 2-159　操作机构箱未接地　　　　图 2-160　操作机构箱接地不规范

2-6-17　避雷器放电计数器未做有效接地，避雷器无法实现避雷功能，增加了雷电造成设备损坏，同时遭遇雷击时放电计数器无法可靠动作的隐患。

解决方案　应按照国能安全〔2014〕161 号《防止电力生产事故的二十五项重点要求》规定进行整改，将避雷器放电计数器接地端与地线可靠连接。

图 2-161　避雷器放电计数器未做接地　　　图 2-162　避雷器放电计数器接地不可靠

2-6-18　配电室未敷设临时接地用接地干线，没有安装接地端子，给现场使用带来不便。

图 2-163　没有安装接地端子　　　　图 2-164　接地端子未做标识

解决方案 应按照 GB 50169《电气装置安装工程 接地装置施工及验收规范》规定，在断路器室、配电间、母线分段处、发电机引出线等需临时接地的地方，引入接地干线，并设有专供连接临时接地线使用的接线端子，做好接地标识。

2-6-19 避雷器在线监测仪表电流监测指示异常，导致无法正常显示避雷器泄漏电流，风场人员不能及时掌握避雷器健康状况。

解决方案 按照国能安全〔2014〕161 号《防止电力生产事故的二十五项重点要求》规定，110kV 及以上电压等级避雷器应安装交流泄漏电流在线监测表计。对已安装在线监测表计的避雷器，有人值班的变电站每天至少巡视一次，每半月记录一次，并加强数据分析。

图 2-165　A 相显示 5mA　　　　图 2-166　B 相显示 5mA　　　　图 2-167　C 相显示 0mA

七、隔离开关及接地开关

2-6-20 隔离开关合闸不到位，存在触头发热，甚至拉弧放电的隐患。

解决方案 应按照 DL/T 664《带电设备红外线诊断应用规范》规定，定期开展红外线测温，并及时调整合闸不到位隔离开关的操作机构，使其合闸到位。

八、电力电缆

2-6-21 电缆屏蔽层未接地或接地损坏，会对临近弱电线路产生电气干扰，同时也会导致电缆屏蔽层不同点存在电势差，形成环流引起电缆发热。

解决方案 按照国能安全〔2014〕161 号《防止电力生产事故的二十五项重点要求》、DL/T 1253《电力电缆线路运行规程》规定，三芯电缆线路的金属屏蔽层和铠装层应在电缆线路两端直接接地；单芯电缆金属屏蔽（金属套）在线路上至少有一点直接接地。风场人员尽快恢复电缆屏蔽线接地，严禁失地运行。

图 2-168 电缆屏蔽线接地损坏

图 2-169 电缆屏蔽层未接地

2-6-22 电力电缆无保护管或保护管失效,存在外因导致电缆绝缘层损坏,造成接地短路和人员触电的隐患。

解决方案 应按照 GB 50168《电气装置安装工程 电缆线路施工及验收规范》规定,电缆从沟道引至电杆、设备、墙外表面或屋内行人容易接近处,距地面高度 2m 以下的一段应有一定机械强度的保护管或加装保护罩。

图 2-170 电力电缆无保护管

图 2-171 保护管失效

2-6-23 电力电缆终端下沉,指套变形。使电缆终端头直接受力,对电缆终端头造成损伤。

图 2-172 电力电缆终端下沉

解决方案 应按照 DL/T 1253《电力电缆线路运行规程》规定，加强电缆线路负荷和温度测量，重点检测电缆附件、接地系统等关键点的温度，开展电缆线路状态评估，对下沉电缆终端重新固定，并保证其牢靠。

2-6-24 电缆终端头发热变色。电缆终端头长期发热将加速绝缘层老化，降低电缆绝缘强度，易造成对地放电短路和引发火灾事故发生。

解决方案 应按照 DL/T 1253《电力电缆线路运行规程》、国能安全〔2014〕161 号《防止电力生产事故的二十五项重点要求》、DL/T 664《带电设备红外线诊断应用规范》规定，加强电缆线路巡视，定期开展红外线测试。

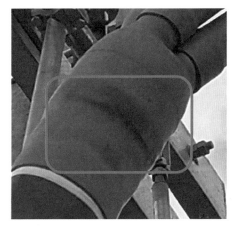

图 2-173 电缆终端头发热变色

2-6-25 主变压器中性点单芯电缆屏蔽线与主变压器铁芯接地扁铁连接。会导致屏蔽地线感应电压，使变压器铁芯因磁耦合产生涡流损耗发热。

解决方案 应按照 DL/T 5161.5《电气装置安装工程质量检验与评定规程电缆线路施工质量检验》规定，更改电缆屏蔽线接地点。

图 2-174 电缆屏蔽线与主变压器铁芯接地扁铁连接

2-6-26 电缆穿墙未采取保护措施。存在电缆绝缘层损伤，造成电缆接地短路的隐患。

解决方案 按照 GB 50168《电气装置安装工程 电缆线路施工及验收规范》规定，电缆进入建筑物、隧道、穿过楼板及墙壁处，电缆应有一定机械强度的保护管或加装保护罩。

图 2-175 电缆穿墙未采取保护措施

2-6-27 不同电压等级电缆在一起敷设、电缆孔洞大量杂物、未封堵，存在安全隐患。

解决方案 应按照 GB 50168《电气装置安装工程 电缆线路施工及验收规范》规定，高、低压电力电缆，强电、弱电控制电缆应按顺序分层配置。电缆进入电缆沟、隧道、竖井、建筑物、盘（柜）以及穿入管子时，出入口应封闭，不得积存易燃物。

图 2-176 不同电压等级电缆在一起敷设、杂物多、未封堵

九、母线及绝缘子

2-6-28 35kV 母线放电。长期放电会加大绝缘破坏，存在跳闸隐患。

解决方案 应按照 DL/T 596《电力设备预防性试验规程》规定，对母线做交流耐压试验，找出故障点，根据故障点、故障原因做如下处理：一是更换绝缘受损绝缘子；二是母线做干燥处理；三是母线加装绝缘护套。

第七节

二次设备隐患及解决方案

一、变压器保护

2-7-1 220kV 主变压器差动保护未投入。当变压器内部电气故障时，差动保护不能动作，将会造成一次设备进一步损坏，扩大事故范围。

解决方案 根据 DL/T 5506《电力系统继电保护设计技术规范》规定，220kV 及以上变压器保护应配置差动保护。运行人员应加强保护定值单的管理工作，定期检查保护装置的整定值和压板状态，装置整定值与压板严格按照有效定值单内容整定，压板投退应符合相关运行要求。

图 2-177 差动保护压板未投入

2-7-2 接地变压器保护动作联跳主变压器低压侧断路器保护压板未投入。存在故障后接地变压器跳开而系统继续运行，系统电气量变化造成故障进一步扩大的隐患。

解决方案 根据 NB/T 31026《风电场工程电气设计规范》规定，当接地变压器不经断路器直接接于主变压器低压侧时，第一时限断开主变压器低压侧断路器，第二时限断开主变压器各侧断路器。当接地变压器接于低压侧母线上，应动作于断开接地变压器断路器及主变压器低压侧断路器。运行人员应加强保护定值单的管理工作，定期检查保护装置的整定值和压板状态，装置整定值应与有效定值单内容一致，压板投退应符合相关运行要求。

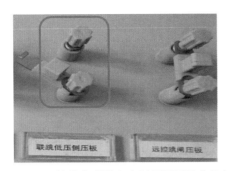

图 2-178 接地变联跳主变低压侧压板未投入

2-7-3 变压器气体继电器无防雨罩。如遇雨雪天气，存在发生瓦斯保护误动作跳闸的风险，不满足继电保护可靠性要求。

解决方案 根据 GB 50148《电气装置安装工程 电力变压器、油浸电抗器、互感器施工及验收规范》、国能安全〔2014〕161 号《防止电力生产事故的二十五项重点要求》规定，变压器本体应加强防雨，户外布置的压力释放阀、气体继电器加装防雨罩。

图 2-179 气体继电器未加防雨罩

2-7-4 A、B 两套主变压器保护装置电源取自同一蓄电池组供电的直流母线段。存在当该母线段直流故障时，因两套保护装置将同时失去电源，导致失去主变压器保护的隐患。

解决方案 根据国能安全〔2014〕161 号《防止电力生产事故的二十五项重点要求》规定，两套保护装置的直流电源应取自不同蓄电池组供电的直流母线段，双重化配置的两套保护装置之间不应有电气联系。应及时整改，使两套保护装置具有各自独立的电源回路。

2-7-5 主变压器非电量保护压板标识不清。电气工作人员不易理解，存在工作人员误操作的风险。

解决方案 根据 GB/T 50976《继电保护及二次回路安装及验收规范》规定，保护装置、二次回路及相关的屏柜、箱体、接线盒、元器件、端子排、压板、交流直流空气开关和熔断器应设置恰当的标识，以方便辨识和运行维护。标识应打印，字迹应清晰、工整，且不易脱色。可将压板名称更改为"××××延时跳闸"，如"冷控失电延时跳闸"。

非电量2延时保护跳闸

非电量3延时保护跳闸

图 2-180　硬压板标识不清

2-7-6　油浸变压器油温度高动作接点接入跳闸回路。存在因温度计动作接点故障、受潮或电磁干扰等原因，引发保护装置误动作的隐患，不满足继电保护可靠性要求。

解决方案　根据 DL/T 572《电力变压器运行规程》、发输电输〔2002〕158 号文《预防 110kV～500kV 变压器（电抗器）事故措施》规定，线圈温度计和顶层油温度计的动作接点应作用于报警，不宜触发机组跳闸。

图 2-181　油温作用于跳闸

2-7-7　变压器压力释放阀接点无防误动措施，并接入跳闸回路。存在因压力释放阀动作接点故障、受潮或电磁干扰等原因引发保护误动的隐患，不满足继电保护可靠性要求。

解决方案　根据 DL/T 572《电力变压器运行规程》及发输电输〔2002〕158 号《预防 110kV～500kV 变压器（电抗器）事故措施》规定，压力释放阀动作接点应作用于报警信号，当根据需要将压力释放阀的动作接点接入跳闸回路时，应有完备的防误动措施，如同一设备上两台压力释放装置的动作接点互相串联，接点盒增加防潮措施等。

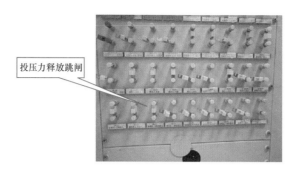

图 2-182 无防误投压力释放跳闸

二、母线保护

2-7-8 母线差动保护未投入。存在当母线内部发生电气故障时，因不能快速切除母线故障，造成一次设备进一步损坏、扩大事故范围的隐患。

解决方案 根据 DL/T 584《3kV～110kV 电网继电保护装置运行整定规程》规定，任何装置都不允许无保护运行。运行人员应加强保护定值单管理工作，定期检查保护装置的整定值和压板状态，装置整定值与压板严格按照有效定值单内容整定，压板投退应符合相关运行要求。

图 2-183 母线保护压板未投

2-7-9 母差保护跳闸压板未投入，压板无名称，未进行颜色区分。机组失去了母差保护，存在误操作隐患。

解决方案 根据 GB/T 14285《继电保护和安全自动装置技术规程》、GB/T 50976《继电保护及二次回路安装及验收规范》规定，专用母线保护应能正确反应母线保护区内的各种类型故障，并动作于跳闸。保护压板应使用双重编号，出口压板、功能压板、备用压板应采用不同颜色区分。

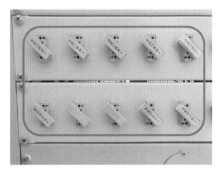

图 2-184　母差跳闸未投、标识无双重编号，无颜色区分

2-7-10　未对母差保护装置配置的所有支路进行差动校验，压板及出口未单独核对。存在保护装置拒动和误动的风险。

解决方案　进行所有支路的差动试验，并单独传动。

2-7-11　母线差动保护装置运行中长期存在差流。存在保护装置误动作的风险。

解决方案　核实现场设备的参数，确保装置参数、保护定值、软压板和硬压板状态的准确无误。按相关要求对母线差动保护装置进行预防性试验。查明差流存在的原因并及时进行处理。

三、线路保护

2-7-12　线路保护装置零序保护未按定值单要求投入，不能快速有效地切除故障，不满足继电保护速动性要求。

解决方案　根据 DL/T 584《3kV～110kV 电网继电保护装置运行整定规程》规定，任何装置都不允许无保护运行。运行人员应加强保护定值单管理工作，定期核对保护装置整定值与有效定值单的一致性，保护压板投退应符合运行相关要求。

图 2-185　零序保护软压板未投入

四、无功补偿装置保护

2-7-13 无功补偿装置调整参数未按保护定值管理流程进行审批。存在无功补偿装置误动作的风险，影响电能质量。

解决方案 无功补偿装置参数需要调整时，应按照保护定值管理流程进行审批。

2-7-14 无功补偿装置损坏或未投入。无法调整供电的功率因数，影响电能质量。

解决方案 根据国能安全〔2014〕161号《防止电力生产事故的二十五项重点要求》规定，风电场应配置足够的动态无功补偿容量，在各种运行工况下都能按照分层分区、基本平衡的原则在线动态调整，且动态调节的响应时间不大于30ms，满足电网运行需要。

五、二次回路及抗干扰接地

2-7-15 升压站就地端子箱接地铜排未与等电位铜排连接。当雷击或近区内故障时，将会造成接地铜排的电位差，对二次回路造成干扰，甚至损坏二次设备和引起保护装置误动作。

解决方案 根据GB/T 50976《继电保护及二次回路安装及验收规范》规定，开关场的就地端子箱内应设置不小于100mm²的裸铜排，并应使用截面面积不小于100mm²的铜缆与电缆沟道内的等电位接地网可靠焊接。

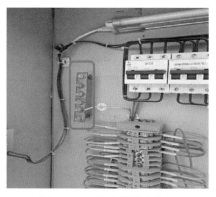

图2-186　接地铜排未接地　　　　　　　　图2-187　无接地铜排

2-7-16 保护室内10kV线路保护屏二次电缆屏蔽线与地网连接铜导线折损严重。屏蔽线接地不良会造成电磁干扰，影响电路信号稳定，存在保护误动作的风险。

解决方案 根据GB 50171《电气装置安装工程　盘、柜及二次回路结线施工及验收规范》规定，电缆铠装的接地线截面宜与芯线截面积相同，且不应小于4mm²，当接地线较多，可将不超过6根的接地线同压一接线鼻子，且与接地铜排可靠连接。

图 2-188　接地线损伤

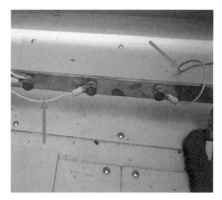
图 2-189　接地线截面 2.5mm²

图 2-190　接地线压头断裂

2-7-17　电场部分柜门未与接地体可靠连接。存在人身触电的危险。

解决方案　根据 GB/T 50976《继电保护及二次回路安装及验收规范》规定，保护柜门应开关灵活，应采用截面积不小于 4mm² 的多股铜线与屏体可靠连接，满足接地线截面最小面积要求。

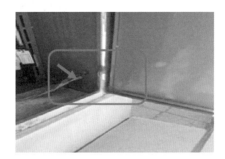
图 2-191　柜门未连接屏体并接地

2-7-18　开关柜"五防"保护措施不完善，存在"五防"节点短接现象。有误操作的风险。

解决方案　根据国能安全〔2014〕161 号《防止电力生产事故的二十五项重点要求》

规定，成套高压开关柜、成套六氟化硫（SF₆）组合电器（GIS/PASS/HGIS）"五防"功能应齐全、性能良好。

2-7-19 电流互感器二次侧接地线截面未满足要求，存在人员触电的风险。

解决方案 根据 GB/T 50976《继电保护及二次回路安装及验收规范》中屏蔽与接地规定，互感器的二次回路应使用截面积不小于 $4mm^2$ 的接地线与等电位接地网连接，保证接地的可靠性。

2-7-20 继电保护室未敷设等电位接地网，保护室盘柜内铜排未进行有效接地。当雷击或近区内故障时，二次设备间存在电位差，对二次回路产生干扰，造成二次设备损坏或装置误动作。

解决方案 根据 DL/T 5136《火力发电厂、变电站二次接线设计技术规程》、国能安全〔2014〕161 号《防止电力生产事故的二十五项重点要求》及 GB/T 50976《继电保护及二次回路安装及验收规范》规定，在主控室、保护室柜屏下层的电缆室内，应按屏布置的方向敷设 $100mm^2$ 的专用铜排，首末端相连，形成等电位接地网，并与厂、站的主接地网只能存在一个唯一连接点，为保证可靠连接，连接线必须用至少 4 根，截面积不小于 $50mm^2$ 的铜缆（排）构成共同的接地点，接地铜排采用截面不小于 $50mm^2$ 铜缆与等电位接地网铜排可靠连接。

2-7-21 电流二次电缆接线采用双线压接。电流线压接不可靠，将会导致线阻增大或开路，不满足继电保护可靠性要求。

解决方案 根据 GB/T 50976《继电保护及二次回路安装及验收规范》规定，电流回路端子的一个连接点不应压接两根导线。也不应将两根导线压在一个压接头再接至一个端子。应增加端子数量，采用短接片达成和电流的效果。

图 2-192 电流线压接

图 2-193 电流线压接

2-7-22 电压互感器端子箱处未使用单相自动空气开关。存在当电压互感器二次侧发生故障时，引发 3 个电压回路同时跳闸，导致保护装置误动作的隐患。

解决方案 根据 GB/T 50976《继电保护及二次回路安装及验收规范》规定，电压互感器端子箱处应配置分相自动空气开关。应及时进行整改，保证保护动作的可靠性、计量及测量的准确性。

图 2-194 PT 二次使用三极开关

2-7-23 电场保护安全自动装置屏后电缆凌乱。不便于电气工作人员检修维护和处理故障。

解决方案 根据 GB 50171《电气装置安装工程 盘、柜及二次回路接线施工及验收规范》规定，引入盘、柜的电缆应排列整齐，编号清晰，避免交叉，电缆线芯应按垂直或水平有规律配置，不得任意歪斜交叉连接，备用线芯长度应留有适当余量，并做好绝缘处理。

图 2-195 屏后电缆混乱

图 2-196 屏后电缆混乱

2-7-24 电流互感器二次电流回路未接地，存在人身触电的隐患。

解决方案 根据国能安全〔2014〕161号《防止电力生产事故的二十五项重点要求》及 GB/T 50976《继电保护及二次回路安装及验收规范》规定，电流互感器的二次绕组及回路必须可靠接地且只能有一个接地点。

图 2-197 电流互感器二次回路未接地　　图 2-198 电流互感器二次回路未接地

2-7-25 电压互感器二次回路与电流互感器二次回路短接接地。存在故障时因产生电位差，导致保护装置误动作的隐患。

解决方案 根据国能安全〔2014〕161号《防止电力生产事故的二十五项重点要求》规定，电压互感器、电流互感器二次绕组接地必须各自独立，并实现一点接地。应尽快进行整改以符合规定。

黑色线芯短接电压回路和电流回路的N端子

图 2-199 电压回路短接电流回路

2-7-26 电流回路电缆截面违反规定使用 1.5mm² 线芯。因截面积小，可能造成回路线阻增大，影响二次电流测量的准确性。

解决方案 根据 GB/T 50976《继电保护及二次回路安装及验收规范》规定，电流回路电缆芯线，其截面积不小于 2.5mm²，应使用符合要求的信号电缆对电流进行测量。

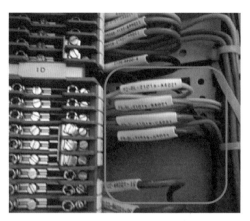

图 2-200 电流回路使用 1.5mm² 线芯

2-7-27 电压二次回路两点接地。存在因保护回路两点接地，引起回路电位差，导致保护误动作的隐患。

解决方案 根据国能安全〔2014〕161 号《防止电力生产事故的二十五项重点要求》规定，公用电压互感器二次回路只允许在控制室内一点接地。

2-7-28 电流互感器电流接线端子排与接地端子螺栓严重锈蚀。存在因接触电阻增大导致保护装置拒动的风险。

解决方案 根据 GB/T 50976《继电保护及二次回路安装及验收规范》规定，端子排、元器件接线端子及保护装置背板端子螺栓应紧固可靠，端子无锈蚀现象，锈蚀螺栓应及时进行更换处理。

图 2-201 接地端子锈蚀

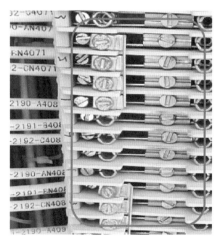

图 2-202 电流回路接线端子锈蚀

2-7-29 不同截面的两根导线接在同一插接式端子上。存在因端子连接不牢固，引起线阻增大和放电隐患。

解决方案 根据 GB/T 50976《继电保护及二次回路安装及验收规范》要求，对于插接式端子，不同截面的两根导线不应接在同一端子上。

图 2–203 插接端子压接不同线径线芯

2-7-30 电压互感器二次开关未安装辅助触点，不利于运行人员发现故障。

解决方案 根据 DL/T 5136《火力发电厂、变电站二次接线设计技术规程》要求，电压互感器二次侧自动开关应附有常闭触点用于空气开关跳闸时发出报警信号。建议加装电压互感器二次开关辅助触点或更换带辅助触点的电压二次开关。

图 2–204 电压互感器二次未设置辅助触点

六、直流系统

2-7-31 220V 直流蓄电池无单节电池电压检测装置。不能实时掌握电池运行状态。

解决方案 根据 DL/T 724《电力系统用蓄电池直流电源装置运行与维护技术规程》规定，每组蓄电池宜设置蓄电池自动巡检装置。蓄电池自动巡检装置宜监测全部单体蓄电池电池电压以及蓄电池组温度，并通过通信接口将监测信息上传至直流电源系统微机监控装置。

2-7-32 直流系统绝缘监测装置不具备交流窜入直流故障的测记和报警功能，不能为现场分析故障提供可靠分析依据。

解决方案 根据国能安全〔2014〕161号《防止电力生产事故的二十五项重点要求》规定，新建或改造的变电站，直流电源系统绝缘监测装置应具备交流窜入直流故障的测记和报警功能。原有的直流电源系统绝缘监测装置应逐步进行改造，使其具备交流窜入直流故障的测记和报警功能。

2-7-33 两套直流系统未配置母联断路器，无法满足互为备用的要求。当任一套直流系统充电机发生故障且不能及时消除时，将影响一次设备的正常运行。

解决方案 根据国能安全〔2014〕161号《防止电力生产事故的二十五项重点要求》规定，两组蓄电池组的直流系统应满足在运行中两段母线切换时不中断供电的要求。

2-7-34 直流蓄电池容量不达标，不能满足备用电源正常投运要求，影响二次系统的可靠稳定性。

解决方案 根据 DL/T 5044《电力工程直流电源系统设计技术规程》要求，蓄电池容量应满足全厂事故全停电时间内的放电容量；应满足事故（1min）直流电动机启动电流和其他冲击负荷电流的放电容量；应满足蓄电池组持续放电时间内随机（5s）冲击负荷电流的放电容量。应正确计算所需蓄电池容量，根据蓄电池损耗程度更换蓄电池、蓄电池组，或加装蓄电池组，以满足所需蓄电池容量要求。

2-7-35 蓄电池室内装设插座。酸性蓄电池充电时电解液会分解出大量的氢气，正常运行时也会产生一些氢气，氢气与空气混合，遇明火或火星容易引发爆炸。

解决方案 根据 GB 50172《电气装置安装工程 蓄电池施工及验收规范》规定，蓄电池室应采用防爆灯具、通风电机，室内照明线应采用穿管暗敷，室内不得装设开关和插座。

图 2-205 电池室装设插座

七、二次系统其他部分（包括 GPS、故障录波等）

2-7-36 继电保护室内部分保护装置、测控装置和故障录波器未实现与 GPS 统一对时。在系统发生故障后，不能准确地对事故进行分析、比较、判断。

解决方案 根据国能安全〔2014〕161 号《防止电力生产事故的二十五项重点要求》规定，应配备全站统一的卫星时钟设备和网络授时设备，对场内各种系统和设备的时钟进行统一校正，以便故障溯源。

2-7-37 电厂指示仪表、计量电度表未检验、未测试。可引起工作人员对现场实际情况的误判断、误操作，也会影响计量的准确性。

解决方案 应根据 JJG 34《指示表（指针式、数显式）检定规程》和 DL/T 448《电能计量装置技术管理规程》规定进行定期检验。经检定的各种表计或装置，合格的，应在其显著位置黏贴标记；不合格的，按照报废处理。

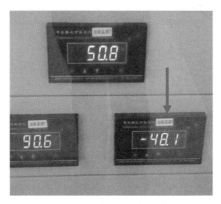

图 2-206　数显指示仪表未检验

2-7-38 电能质量在线监测装置未进行定期检验。影响工作人员对现场电能质量进行准确地监测、评估。

解决方案 根据 DL/T 1228《电能质量监测装置运行规程》规定，监测装置的检定周期为 3 年。对工作环境恶劣或有特殊要求的监测装置，必要时可适当缩短检定周期。

2-7-39 测控柜压板命名不规范，无双重编号。存在电气工作人员误操作的风险。

解决方案 根据 GB/T 50976《继电保护及二次回路安装及验收规范》规定，保护装置、二次回路及相关的屏柜、箱体、接线盒、元器件、端子排、压板、交流直流空气开关和熔断器应设置恰当的标识，以方便辨识和运行维护。标识应打印，字迹清晰、工整，且不易脱色。

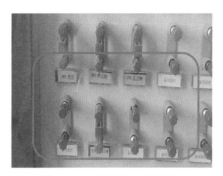

图 2-207　未使用双重名称

图 2-208　压板无名称

2-7-40　线路出线断路器位置指示装置损坏。影响运行人员观察设备运行状态，存在误操作的风险。

解决方案　加强带电显示装置的检修维护工作，尽快消除缺陷。

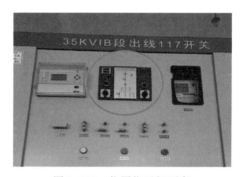

图 2-209　位置指示灯不亮

2-7-41　控制屏部分孔洞未按要求进行防火封堵。发生火灾时，存在火势蔓延的隐患。

解决方案　根据 GB 50168《电气装置安装工程　电缆线路施工及验收规范》和 DL 5027《电力设备典型消防规程》规定，控制柜、保护盘等处的电缆孔洞必须用防火堵料严密封堵。

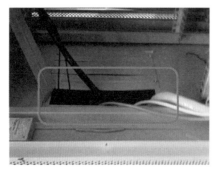

图 2-210　电缆孔洞未封堵

图 2-211　防火封堵脱落

图 2-212 防火封堵脱落

2-7-42 保护装置未连接到打印机。不便于值班人员尽快了解情况和事故处理的保护动作信息。

解决方案 根据 DL/T 317《继电保护设备标准化设计规范》规定，保护装置动作报告应分类显示，供运行、检修人员直接在装置液晶屏调阅和打印。

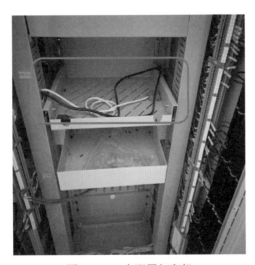

图 2-213 未配置打印机

2-7-43 故障信息管理系统打印机打印纸无连续性。影响工作人员对事故进行分析，追根溯源。

解决方案 根据 DL/T 587《微机继电保护装置运行管理规程》规定，现场运行人员应保证打印报告的连续性，严禁乱撕、乱放打印纸，妥善保管打印报告，并应及时移交继电保护人员，无打印操作时，应将打印机防尘盖盖好，推入盘内，定期检查打印纸是否完好、充足，字迹是否清晰，及时更换色带。

图 2-214 打印机打印纸不足

2-7-44 光传输设备柜交流电源私自拉接，导致用电设备运行的可靠性较差。

解决方案 根据用电设备的电源要求，由交流配电室或 UPS 装置增设两根交流电缆至光传输设备柜，保证设备的可靠运行。

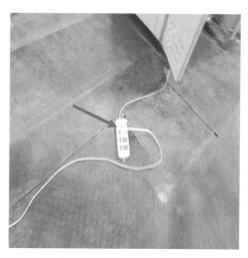

图 2-215 电源不满足要求

2-7-45 电压互感器柜二次空气开关无标识，存在运行检修人员误操作的风险，且故障后不易辨别故障相别。

解决方案 根据 GB/T 50976《继电保护及二次回路安装及验收规范》规定，加强现场设备的管理工作，设置恰当的标识。

图 2-216　空气开关无标识

2-7-46　未按要求开展每年一次的保护定值计算及核实，过期的定值未进行作废处理。

解决方案　根据国能安全〔2014〕161 号《防止电力生产事故的二十五项重点要求》规定，发电企业应按相关规定进行继电保护整定计算，并认真校核与系统保护的配合关系。加强对主设备及厂用系统的继电保护整定计算与管理工作，安排专人每年对所辖设备的整定值进行全面复算和校核。

2-7-47　有载分接开关档位与监控不对应。易造成工作人员的误判断，存在误操作的风险。

解决方案　根据 DL/T 969《变电站运行导则》，有载分接开关的分接位置及电源指示应正常，应全面检查设备及二次回路，及时处理。

2-7-48　现场电缆无电缆标签，不方便辨识和运行维护。

解决方案　根据 GB/T 50976《继电保护及二次回路安装及验收规范》规定，保护装置、二次回路及相关的屏柜、箱体、接线盒、元器件、端子排、压板、交流直流空气开关和熔断器应设置恰当的标识，以方便辨识和运行维护。标识应打印，字迹清晰、工整，且不易脱色。电缆标签悬挂应美观一致，并与设计图纸相符。电缆标签应包括电缆编号、规格型号、长度及起止位置。

图 2-217　电缆无电缆标签

2-7-49 备用电缆芯线导体外露，未引至盘、柜顶部或线槽末端，存在触电风险。

解决方案 根据 GB 50171《电气装置安装工程 盘、柜及二次回路结线施工及验收规范》规定，盘、柜内的电缆芯线接线应牢固、排列整齐，并应留有适当裕度；备用芯线应引至盘、柜顶部或线槽末端，并应标明备用标识，芯线导体不得外露。

 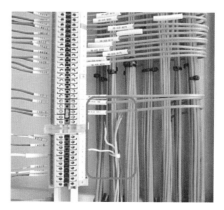

图 2-218 备用芯线不规范（一）　　　　图 2-219 备用芯线不规范（二）

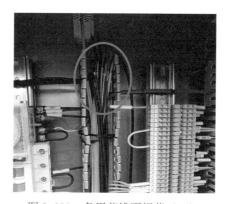

图 2-220 备用芯线不规范（三）

2-7-50 缺少部分设备资料和二次图纸。不便于设备的维护和故障处理。

解决方案 根据 GB 50171《电气装置安装工程 盘、柜及二次回路结线施工及验收规范》规定，在验收时应提交下列资料和文件，即工程竣工图；变更设计的证明文件；制造厂提供的产品说明书、调试大纲、试验方法、试验记录、合格证件及安装图纸等技术文件；根据合同提供的备品备件清单；安装技术记录；调整试验记录。应尽快联系相关单位，取得所有资料。并要求建立完善的资料管理制度，进行妥善保管。

2-7-51 就地端子箱内未安装驱潮加热回路。存在因端子箱内湿度大、结露，引发保护误动作的隐患。

解决方案 根据国能安全〔2014〕161 号《防止电力生产事故二十五项重点要求》

要求，开关设备机构箱、汇控箱内应有完善的驱潮防潮装置，防止凝露造成二次设备损坏。

<u>2-7-52</u>　继电保护室内运行的通信设备运行环境不能调节。存在因温度和湿度不符合保护装置运行要求，导致保护拒动、误动的隐患。

　　解决方案　根据国能安全〔2014〕161号《防止电力生产事故二十五项重点要求》规定，通信机房环境温度、湿度要符合要求。机房空调应具备对房温、湿度控制能力。

第八节

集电线路常见隐患

一、风电机组升压变压器

<u>2-8-1</u>　集电线路风机变压器渗油、漏油。存在因变压器漏油导致变压器油位过低，引发绝缘强度下降、内部受潮，造成放电短路故障的隐患。同时，也影响变压器冷却散热性能。

　　解决方案　应按照 DL/T 572《电力变压器运行规程》、DL/T 573《电力变压器检修导则》规定，加强无渗漏管理，加强设备巡视，及时处理渗漏点，保证各部位无渗油、漏油现象。

图 2-221　风机变压器渗油

2-8-2 集电线路风机变压器气体继电器观察窗未打开,风场人员巡检时不能观察到气体继电器内有无气体,无法掌握变压器运行健康状态。

解决方案 按照 DL/T 572《电力变压器运行规程》规定,变压器在运行情况下,应能安全地查看储油柜和套管油位、顶层油温、气体继电器。变压器停运时打开气体继电器观察窗,便于巡视观察。

图 2-222 变压器气体继电器观察窗未打开

2-8-3 集电线路风机变无安全围栏,存在人员触电隐患。

解决方案 按照 GB 51096《风力发电场设计规范》规定,敞开式机组变单元,应在其周围设置高度不低于 1.5m 的围栏,围栏门应加安全锁,设置安全警示标识。

图 2-223 风机变压器无安全围栏

二、电力电缆线路

2-8-4 电力电缆固定不符合要求。存在因环境变化电缆蠕动而使连接点受力变形或断裂的隐患。

解决方案 应按照 GB 50168《电气装置安装工程电缆线路施工及验收规范》及国能

安全〔2014〕161 号《防止电力生产事故的二十五项重点要求》规定，将电缆终端、电缆接头及充油电缆的供油系统固定牢靠，采取可靠固定措施。

图 2-224　电力电缆固定不符合要求

2-8-5　集电线路电力电缆裸露、未回填。存在电缆受损的隐患。

解决方案　按照 GB 50168《电气装置安装工程　电缆线路施工及验收规范》规定，电缆表面距地面的距离不应小于 0.7m。穿越农田时不应小于 1m。在引入建筑物、与地下建筑物交叉及绕过地下建筑物处，可浅埋，但应采取保护措施；直埋电缆的上、下部应铺以不小于 100mm 厚的软土或沙层，并加盖保护板，其覆盖宽度应超过电缆两侧各 50mm，保护板可采用混凝土盖板或砖块。

图 2-225　集电线路电力电缆裸露

2-8-6　集电线路高压电缆悬空部分太长，长期风偏摇摆易导致电缆终端头处断裂。

解决方案　按照 GB 50168《电气装置安装工程　电缆线路施工及验收规范》规定，35kV 及以上动力电缆固定水平间距不应大于 1.5m，垂直间距不大于 2.0m。

图 2-226　高压电缆悬空部分太长

2-8-7　电缆管口未做防火封堵。存在因雨水进入电缆保护管，加快电缆腐蚀，导致减短电缆使用寿命的隐患。

解决方案　按照 GB 50168《电气装置安装工程　电缆线路施工及验收规范》规定，电缆进入电缆沟、隧道、竖井、建筑物、盘（柜）以及穿入管子时，出入口应封闭，管口应密封。

图 2-227　电力电缆终端头未进行电缆防火封堵

2-8-8　集电线路电缆标志桩缺失。存在外力破外电缆的隐患，也不利于检修。

解决方案　应按照 GB 50168《电气装置安装工程　电缆线路施工及验收规范》、DL/T 1253《电力电缆线路运行规程》、国能安全〔2014〕161 号《防止电力生产事故的二十五项重点要求》规定，直埋电缆在直线段每隔 50～100m 处、电缆接头处、转弯处、进入建筑物等处，设置明显的方位标志或标桩。

图 2-228 集电线路电缆标志桩缺失

三、防雷与接地

2-8-9 集电线路电力电缆屏蔽地线未可靠接地。会对临近弱电线路产生电气干扰，也会导致电缆屏蔽层不同点存在电势差，形成环流引起电缆发热。

解决方案 按照 GB 50173《电气装置安装工程 66kV 及以下架空电力线路施工及验收规范》、GB 50169《电气装置安装工程 接地装置施工及验收规范》、国能安全〔2014〕161 号《防止电力生产事故的二十五项重点要求》规定，横担应与接地体可靠连接，铠装电缆屏蔽线必须可靠接地，严禁失地运行。

图 2-229 电缆屏蔽地线未接地

图 2-230 电缆屏蔽地线未可靠接地

2-8-10 集电线路门型杆接地焊接工艺不符合规范。存在接地损坏、雷击导致设备损坏和线路跳闸的隐患。

解决方案 按照 GB 50169《电气装置安装工程 接地装置施工及验收规范》规定，

接地体（线）的焊接应采用搭接焊，其搭接长度必须符合扁钢为其宽度的 2 倍（且至少 3 个棱边焊接）；圆钢为其直径的 6 倍；圆钢与扁钢连接时，其长度为圆钢直径的 6 倍；应在焊痕外 100mm 内做防腐处理。

图 2–231　地焊接工艺不符合规范

2-8-11　集电线路避雷器下引线截面无法满足热稳定要求。存在遇雷电大电流时可能使其熔断，引发线路跳闸的隐患。

解决方案　应按照 GB 50061《66kV 及以下架空线路设计规范》规定，避雷器下引线截面铜芯不小于 16mm^2，并满足热稳定要求。

图 2–232　避雷器下引线截面未满足要求

2-8-12　集电线路风机变压器接地网裸露。存在接地网腐蚀损坏的隐患。

解决方案　应按照 GB 50169《电气装置安装工程　接地装置施工及验收规范》规定，接地体敷设完后的土沟，其回填土内不应夹有石块和建筑垃圾等；外取的土壤不得有较强的腐蚀性；在回填土时应分层夯实。室外接地回填宜有 100～300mm 高度的防沉层。在山区石质地段或电阻率较高的土质区段，应在土沟中至少回填 100mm 厚的净土垫层，再敷设接地体，然后用净土分层夯实回填。

图 2-233　风机变压器接地网裸露

2-8-13　集电线路杆塔未实现 4 塔脚接地。存在人员触电，增加雷击致线路跳闸的隐患。

解决方案　应按照 GB 50169《电气装置安装工程　接地装置施工及验收规范》规定，架空线路杆塔的每一腿都应与接地体引下线连接，通过多点接地以保证可靠性。

图 2-234　线路杆塔未实现 4 塔脚接地

2-8-14　集电线路门型杆接地未实现顶部与底部贯通连接，不符合接地要求。存在雷击导致线路跳闸的隐患。

解决方案　按照 GB 50061《66kV 及以下架空线路设计规程》、GB 50173《电气装置安装工程　66kV 及以下架空线路施工及验收规范》规定，钢筋混凝土杆铁横担和钢筋混凝土横担架空电力线路的地下支架，导线与绝缘子固定部分之间，应具有可靠的电气连接，并与接地引下线相连。

图 2-235　门型杆接地未实现顶部与底部贯通连接

四、集电线路杆塔

2-8-15 集电线路门型杆倾斜。存在倒塔隐患。

解决方案 应按照 DL/T 741《架空输电线路运行规程》及国能安全〔2014〕161 号《防止电力生产事故的二十五项重点要求》规定进行整改，钢筋混凝土杆倾斜度不应大于1.5%，横担歪斜度不大于 1%。

图 2-236 集电线路门型杆倾斜

2-8-16 集电线路铁塔护坡未进行加固。存在倒塔隐患。

解决方案 按照国能安全〔2014〕161 号《防止电力生产事故的二十五项重点要求》规定，对于易发生水土流失、洪水冲刷、山体滑坡、泥石流等地段的杆塔，应采取加固基础、修筑挡土墙（桩）、截（排）水沟、改造上下边坡等措施，必要时改迁路径。分洪区和洪泛区的杆塔必要时应考虑冲刷作用及漂浮物的撞击影响，并采取相应防护措施。

图 2-237 铁塔护坡未进行加固

2-8-17　集电线路杆塔基础损坏，存在倒塔隐患。

解决方案　应按照 DL/T 741《架空输电线路运行规程》规定，杆塔基础表面水泥脱落、钢筋外露、基础锈蚀、基础周围环境发生不良变化时，应及时处理。

图 2-238　杆塔基础损坏

2-8-18　集电线路铁塔安全警示标识、杆塔编号标识缺失。存在人员误登杆塔和走错间隔，导致人员触电的隐患。

解决方案　应按照 DL/T 741《架空输电线路运行规程》、GB 50173《电气装置安装工程　66kV 及以下架空线路施工及验收规范》规定，线路杆塔上必须有线路名称，杆塔编号、相位以及必要的安全保护等标志；应对所有杆塔进行检查，将安全警示标识、杆塔编号标志补充齐全。

图 2-239　铁塔安全警示标识、杆塔编号标识缺失

2-8-19　集电线路杆塔上有鸟窝。存在鸟粪引起污闪和线路短路跳闸的隐患。

解决方案　应按照国能安全〔2014〕161 号《防止电力生产事故的二十五项重点要求》规定，及时拆除线路绝缘子上方的鸟巢，并及时清扫鸟粪污染的绝缘子。鸟害多发区的新建线路应设计、安装必要的防鸟装置。

图 2-240 杆塔上有鸟窝

五、金具

2-8-20 集电线路跌落式熔断器对地距离不满足规程要求。存在人员触电的隐患。

解决方案 应按照 GB 50173《电气装置安装工程 66kV 及以下架空线路施工及验收规范》规定，跌落式熔断器与地面垂直距离，不小于 5m，郊区或农田区可降低至 4.5m，调整跌落式熔断器安装位置。

图 2-241 跌落保险对地距离不足

2-8-21 集电线路跌落式熔断器安装角度不符合规定，导致跌落式熔断器熔丝熔断时熔管不能依靠自身重量迅速跌落。

解决方案 按照 GB 50173《电气装置安装工程 66kV 及以下架空电力线路施工及验收规范》规定，跌落熔断器应安装牢固、排列整齐，熔管轴线与地面的垂线夹角应为 15°～30°，应调整跌落熔断器安装角度。

图 2-242　跌落式熔断器安装角度与地面垂直

2-8-22　集电线路跌落熔断器相间距离小。存在大风天气舞动造成线路相间短路跳闸的隐患。

解决方案　按照 GB 50173《电气装置安装工程　66kV 及以下架空线路施工及验收规范》规定，跌落式熔断器相间安装距离应不小于 500mm，应调整跌落式熔断器间距。

图 2-243　跌落式熔断器相间距离小

2-8-23　集电线路杆塔螺栓连接不符合规范。存在倒塔隐患。

解决方案　应按照 GB 50173《电气装置安装工程　66kV 及以下架空线路施工及验收规范》规定，双螺母连接至少应平齐，并将螺母逐个紧固，保证连接可靠；铁塔下部 4m 以下部分和拉线可调整部分螺栓应采用防盗螺栓。

图 2-244　杆塔螺栓连接不符合规范

2-8-24 集电线路防震锤偏斜，无法完全满足防震要求。

解决方案 按照 GB 50173《电气装置安装工程 66kV 及以下架空电力线路施工及验收规范》规定，35kV 架空电力线路的导线或避雷线安装的防震锤，应与地平面垂直，其安装距离的误差不应超过±30mm。

图 2-245 集电线路防震锤偏斜

六、绝缘子及防污闪

2-8-25 未定期开展盐密值测试工作，不能掌握绝缘子盐密状况，盐密值高可能引起污闪。

解决方案 应按照 DL/T 596《电力设备预防性试验规程》规定，积极开展盐密值测试工作，污秽等级与对应盐密值检查所测得的盐密值应与当地污秽等级一致。结合运行经验，将测量值作为调整耐污绝缘水平和监督绝缘安全运行的依据。盐密值超过规定时，应根据情况采取调爬、清扫、涂料等措施。同时，为了试品的积污免于雨水冲刷，保证测试的准确性，建议检测应在雨季来临之前进行。

七、光纤通信

2-8-26 光纤通信光缆与线路电力电缆同管敷设，存在安全隐患。

解决方案 应按照 GB 50168《电气装置安装工程 电缆线路施工与验收规范》、DL/T 5344《电力光纤通信工程验收规范》及国能安全〔2014〕161 号《防止电力生产事故的二十五项重点要求》规定，严禁通信光缆与高压电缆同管敷设。

图 2-246　光纤通信光缆与高压电缆同管敷设

2-8-27 风电场升压站门型构架光缆固定混乱，未设置安全警示标识。

解决方案 按照 DL/T 5344《电力光纤通信工程验收规范》规定，余缆盘绕应整齐有序，不得扭曲受力。可将剩余光缆盘在余缆架上；架空地线复合光缆（OPGW）在进站门型架处应可靠接地，防止一次线路发生短路时，光缆被感应电压击穿而中断。架空地线复合光缆（OPGW）、全介质自承式光缆（ADSS）等光缆在进站门型构架处的引入光缆必须悬挂醒目的光缆标识牌。

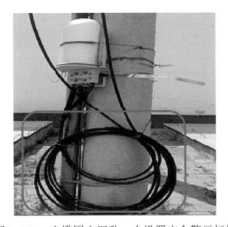

图 2-247　光缆固定混乱，未设置安全警示标识

2-8-28 集电线路 ADSS 光缆与金属直接搭接。存在当雷击铁塔时，光缆损伤，导致通信消失故障的隐患。

解决方案 应按照 DL/T 5344《电力光纤通信工程验收规范》规定，禁止光缆与金属物搭接。

图 2-248 光缆与铁塔直接搭接

图 2-249 光缆与接地引流线搭

第三章

风电机组核心部件常见缺陷及处理

第一节

叶片常见缺陷及处理

一、叶片材料

风力发电机组叶片由轻质材料制成，以减轻质量并减小由于旋转质量产生的载荷。理想的叶片材料应该具有良好的力学、热学、化学特性，以满足必需的高强度、高刚度、耐腐蚀等要求，同时还应该是性价比高、易于制造且对环境的污染尽量小。制作叶片常用的材料主要有木材、钢材、铝合金、玻璃纤维复合材料、碳纤维复合材料等。

二、叶片结构

叶片的结构、强度和稳定性对风电机组的可靠性起着重要的作用，叶片结构设计主要考虑确定叶片的主体结构和根部连接结构。结构上主要分为 5 个部分：蒙皮、内部纵向主梁、衬套及插件、雷电保护、气动制动（定桨距）。目前普遍采用雷电保护装置是在叶尖置放接闪器捕捉雷电，并在叶片内腔安置疏雷引线，导到轮毂，随之导入大地，保护叶片。

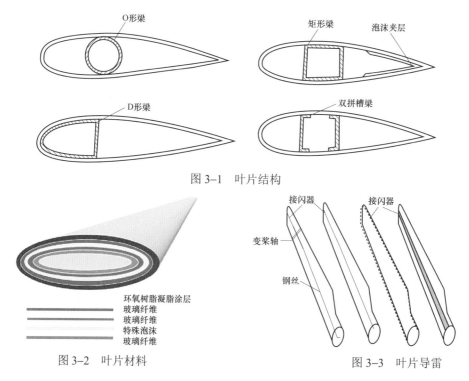

图 3-1　叶片结构

图 3-2　叶片材料

图 3-3　叶片导雷

三、叶片的维护

叶片定期维护项目：检查叶片转动时的声音是否正常，叶片表面及防雨罩是否有裂纹、变形、破损、腐蚀等现象；检查避雷线安装是否牢固、有无断裂或腐蚀现象、是否可靠接地；清除叶片内异物。

四、叶片常见缺陷及修复

风电机组叶片常见缺陷有面漆损伤、胶衣损伤、外层纤维损伤、PVC 损伤、穿透性损伤、迎风前缘开裂、薄边开裂、断裂。在修复时，根据损伤程度，可采取填补或挖补修复方式。填补修复方式是指采用局部结构预制件填补的形式对结构进行复原。破坏区域被去除后留下形状较为规则的凹槽，槽的边缘被打磨成阶梯变化的斜面，然后直接把提前做好的预制件黏接在斜面上，黏接时，要保证修复区域型线吻合，最后对预制件与斜面的黏接面进行

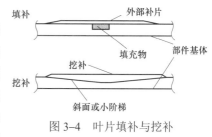

图 3-4　叶片填补与挖补

增强。而挖补修复方式是指将已损伤的结构层按照特定的修复要求全部打磨掉，打磨时四周要打磨成一定倾斜度的倒角，再逐层铺布修补。

3-1-1　面漆损伤

造成面漆损伤的主要原因有：材料老化、风沙磨损、飞鸟撞击等。

面漆修复的流程：将脱落面漆区域打磨平整，保证打磨后损伤区域无残留面漆，尽量使打磨区域呈矩形；打磨后将打磨残留的粉尘清理干净；计算填充物用量；将搅拌好的填充物填补在打磨后出现的凹坑内；常温固化后打磨平整；清理打磨后残留在打磨区域的粉尘；标记维修区域；喷漆厚度最少为 150μm，最大不超过 225μm，以此标准计算出所需喷漆的质量；将搅拌好的喷漆材料均匀涂抹在修复区域表面，并用海绵滚刷将其厚度滚匀，取下固定修复区域的纸胶带。

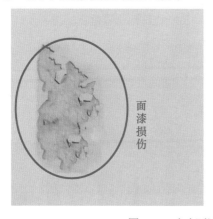

图 3-5　叶片面漆修复流程（一）

纸胶带固定维修区域   喷漆完成

图 3-5　叶片面漆修复流程（二）

3-1-2 胶衣损伤

造成胶衣损伤的主要原因有：材料老化、飞鸟撞击、制作工艺等。

胶衣修复的流程：首先对损伤区域的胶衣进行粗略打磨；用电动细磨机将残留胶衣彻底打磨，保证打磨表面的平整度，尽量使打磨区域呈矩形；清理打磨后残留粉尘；损伤区域面积在 $0.01m^2$ 以下，可用腻子代替胶衣做修补材料，损伤面积在 $0.01m^2$ 以上必须用胶衣材料修复；按损伤面积混合适量的腻子（胶衣材料）；将材料均匀涂抹在胶衣破损区域；腻子可用热风枪均匀加热，胶衣材料应等表面自然固化后用加热毯将修复区域包裹使其二次固化；固化后将腻子（胶衣材料）表面打磨平整；清理打磨后粉尘；之后按照 3-1-1 修复面漆。

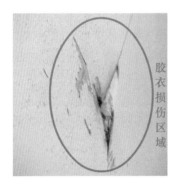
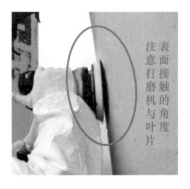

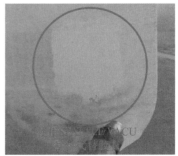

图 3-6　叶片胶衣修复流程（一）

图 3-6　叶片胶衣修复流程（二）

3-1-3　外层纤维损伤

造成外层纤维损伤的主要原因有：雷击、运输划伤等。

外层纤维损伤修复的流程：首先对损伤区域的胶衣进行粗略打磨；用电动细磨机将残留胶衣彻底打磨，保证打磨表面的平整度，尽量使打磨区域呈矩形；清理打磨后残留粉尘；标记维修区域；计算修补所需环氧树脂及玻璃纤维质量；裁剪适合修复损伤区域面积的双向纤维布、三向纤维布、脱模布；将环氧树脂混合料均匀涂抹在修补区域；将三向纤维布粘在修补区域；在三向纤维布外再均匀刷一层环氧树脂材料，用硬滚刷在其表面用力往返滚动使三向纤维布完全浸透，接着将裁剪好的双向纤维布铺在损伤区域，在双向纤维布外表面均匀刷一层环氧树脂，用硬滚刷在其表面用力往返滚动使环氧树脂材料对双向纤维布完全浸透；待环氧树脂表面反应时间过后，将维修区域用脱模布覆盖并用纸胶带封严，等待自然固化；自然固化后用加热毯包裹维修区域使其二次固化；将已固化好的积层表面打磨平整；之后按照 3-1-1 修复面漆。

图 3-7　外层纤维损伤修复流程

3-1-4 PVC 损伤

造成 PVC 损伤的主要原因有：雷击、运输划伤等。

PVC 损伤修复的流程：首先对损伤区域的胶衣进行粗略打磨；打磨破损的 PVC 层，用工具将大部分损伤的 PVC 材料挖出，并用针式打磨机打磨内层纤维层表面；用电动细磨机将残留 PVC 及纤维彻底打磨，保证打磨表面的平整度，尽量使打磨区域呈矩形；以缺损 PVC 区域的面积、形状裁切合适 PVC 填充材料；按比例精确称量胶基料和固化剂并均匀搅拌；将调好的材料均匀涂抹在内层纤维层表面，再把 PVC 材料嵌入已涂抹的纤维层表面，缝隙用胶填充；常温固化后用电动细磨机将填充的 PVC 材料表面打磨的与原 PVC 层外形一致；之后按照 3-1-3 和 3-1-1 修复纤维层和面漆。

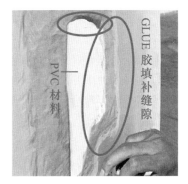

图 3-8　PVC 损伤修复流程

3-1-5 穿透性损伤

造成穿透性损伤的主要原因有：雷击、叶片内异物等。

穿透性损伤修复的流程：首先对损伤区域的 PVC 层、纤维层进行粗略打磨，打磨破损的 PVC 层时，用工具将损伤的 PVC 材料挖出，并用针式打磨机打磨内层纤维层表面，在穿透损伤区域打磨出一个孔洞；用电动细磨机将残留 PVC 及纤维彻底打磨，保证打磨表面的平整度，尽量使打磨区域呈矩形；裁剪稍大于漏洞区域面积的预制纤维板，用针式打磨机打两个孔，用橡胶带拴牢后将其塞入漏洞处，用胶将其黏合在纤维层内侧，作为铺设内层纤维层的衬托；固化后将胶黏边缘用电动细磨机打磨平整并清理干净；标记维修区域；裁剪适合修复损伤区域面积的双向纤维布、三向纤维布、脱模布；将环氧树脂材料均匀涂抹在修补区域，将裁剪好的双向纤维布铺在修补区域，在双向纤维布外表面均匀刷一层环氧树脂，在贴合好的双向纤维布上铺设裁剪好的三向纤维布，在修补的三向纤维层表面用毛刷再均匀刷一层环氧树脂材料，并用硬滚刷在其表面用力往返滚动使环氧树脂材料对三向纤维布完全浸透；待环氧树脂固化后按照 3-1-4、3-1-3 和 3-1-1 修复 PVC 层、纤维层和面漆。

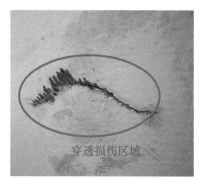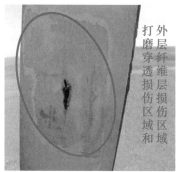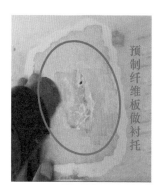

图 3-9　穿透损伤修复流程

3-1-6　迎风前缘开裂

造成迎风前缘开裂的主要原因有：雷击、材料老化等。

迎风前缘开裂修复的流程：用针式打磨机沿前缘开裂处打磨，将残留在缝隙内的胶块全部打磨干净；将打磨后缝隙内及边缘残留的粉尘清理干净；把搅拌好的胶完全填满打磨后的缝隙；固化后用电动细磨机将填充胶的表面和缝隙边缘损伤的胶衣打磨干净；清理粉尘后按 3-1-4 修补面漆。

图 3-10　迎风前缘开裂修复流程

3-1-7　薄边开裂

造成薄边开裂的主要原因有：雷击、材料老化等。

薄边开裂修复的流程：薄边开裂如无破损，用针式打磨机将薄边开裂处打磨干净，将残留在缝隙内的胶块全部打磨干净，把快速胶（如裂口过大则应换用聚亚胺酯胶）充分填充在开裂缝隙内，在开裂处边缘两侧用夹具夹紧，固化后用电动细磨机将黏合处外部的多余快速胶打磨掉。

薄边开裂且有破损，用针式打磨机将薄边开裂处打磨干净，将残留在缝隙内的胶块全部打磨干净，裁切合适面积的预制纤维板，用快速胶将预制纤维板黏在破损的纤维层边缘内侧并用木板垫在预制纤维板后方使其与未破损纤维层黏合更紧密，固化后将木板拆下，用聚亚胺酯胶将薄边开裂处完全填充，并用夹具夹紧，固化后用电动细磨机把预制纤维板黏合边缘打磨平整并将黏合处外部多余的聚亚胺酯胶打磨掉，清理粉尘后按 3-1-1 修补面漆。

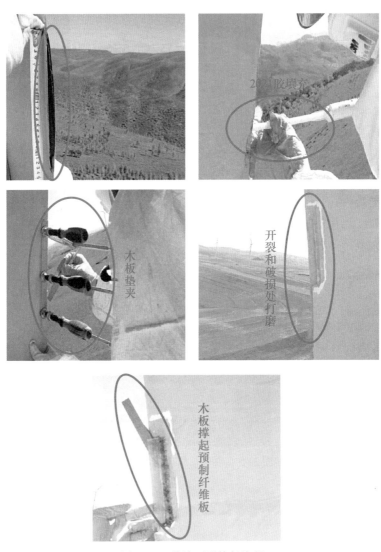

图 3-11 薄边开裂修复流程

3-1-8 叶片断裂

造成叶片断裂的主要原因有：雷击、机组飞车、台风、工艺质量等。断裂叶片需要拆卸至地面修复或返厂修复。

图 3-12　断裂叶片

第二节

轮毂常见缺陷及处理

一、轮毂结构

在风机结构中，轮毂连接主轴和叶片，作用是将风力对叶片的作用载荷传递给主轴以及齿轮箱，最终传递到塔架上。

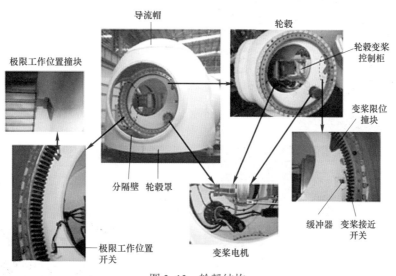

图 3-13　轮毂结构

二、轮毂维护

轮毂维护项目：检查轮毂本体、导流罩、导流罩与支架连接是否有损伤、裂纹；检查变桨轴承密封是否有裂纹、气孔和泄漏；检查变桨齿圈和变桨驱动齿轮表面是否有磨损、腐蚀或异物；检查齿轮表面润滑情况，确保对齿圈 0°～90°范围内全部润滑到位，如发现油脂中有残留物或颗粒，清洁齿轮表面并重新润滑，在变桨齿圈齿轮表面90°～360°范围内手动涂抹润滑油脂进行防腐保护；检查轮毂照明、限位开关、编码器、变桨减速器油位是否正常；检查变桨控制柜是否损坏、变形、生锈，检查风扇口及散热孔是否有堵塞现象，检查充电回路、蓄电池是否正常；检查主控至变桨电源线、信号线是否捆扎牢靠，无摩擦、破损；液压变桨检查变桨机构连杆、导向杆润滑是否良好；轮毂供油管路、变桨缸本体、集成阀块阀体是否漏油。

三、轮毂常见缺陷及处理方法

风电机组轮毂常见缺陷有轮毂螺栓断裂、导流罩支架失效、本体损坏。

3-2-1 轮毂螺栓断裂

造成轮毂螺栓断裂主要原因有：轮毂螺栓质量不合格、定检维护不到位、安装工艺粗糙。

轮毂螺栓断裂预防：在安装前使用符合设计要求的高强螺栓；安装中严格按照施工工艺要求施工，保证螺栓安装到位；运行后加强巡视检查，定检时严格按规定周期、力矩校验螺栓力矩。

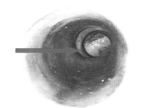

在螺孔内的一节螺栓

图 3-14 轮毂螺栓断裂

螺栓断裂修复处理方法：收集螺栓断裂情况信息，包括断裂位置、数量、断裂次数、螺栓断口形貌、螺杆磨损痕迹；检查对螺栓的定期维护工作是否正常，包括是否按时进行检修、所用工具是否合格、检修时螺栓是否有松动的迹象；判断螺栓断裂原因；如单颗螺栓断裂，在不影响整体性能情况下单颗更换或左右加 4 颗更换。如多颗螺栓断裂，应根据原因批次更换。

3-2-2 轮毂导流罩支架开裂、脱落

造成轮毂导流罩支架开裂、脱落主要原因有：支架制造中焊接工艺不合格，支架安装错位，螺栓松动。

轮毂导流罩支架开裂、脱落处理方法：在制造过程中应加强监造，保证支架焊接工艺、质量。安装时调整安装角度，避免支架受力变形。定期对支架螺栓进行维护，对于容易松动的螺栓，可以采用防松螺母，防止其松动造成轮毂支架脱落。

图 3-15 倒流罩支架断裂错位

图 3-16 螺栓断裂   图 3-17 垫片失效变形

3-2-3 轮毂本体损坏

造成轮毂本体损坏的主要原因有：材料缺陷、长期疲劳受力。

轮毂本体损坏处理方法：如发现轮毂本体损坏，应立即停机检查，判断损坏程度后进行相应处理。

轮毂模型　　　　　　未做防腐处理的轮毂

图 3-18　轮毂本体

第三节

塔架常见缺陷及处理

一、塔架维护

塔架定期维护项目：检查塔架表面有无掉漆、起泡、焊缝开裂、大面积油污等情况；检查爬梯、滑轨、钢丝绳，紧固件是否松动，滑轨接头处是否错位；检查所有电缆、光缆外皮有无磨蹭，是否固定牢靠；检查塔架连接法兰接地线连接情况，若接地线接触表面有锈蚀，做防锈处理；检查导电轨弹性支撑是否有裂纹、剥落、松动等现象，检查接地是否牢固。

二、塔架常见缺陷及处理方法

风电机组塔架常见缺陷有塔架变形、塔架漆膜受损、塔架焊缝开裂、塔架异常振动。

3-3-1　塔架变形

造成塔架变形主要原因有：运输中未采取防止塔架变形的有效支撑及固定措施，吊装过程、运行期受到外力撞击，长期疲劳运行等。

塔架变形预防、处理方法：在运输中采取必要措施，保证塔架不被外力撞击，在安装使用前对塔架法兰孔距、整体形变进行检测，如发现塔架变形应进行返厂维修或更换。

图 3-19　塔架运输及吊装前检查

3-3-2　塔架漆膜受损

造成塔架漆膜受损主要原因有：未按工艺喷漆，喷漆前塔架金属表面锈蚀未处理，运输、安装过程中磕碰漆膜。

塔架漆膜受损处理方法：在运输中采取必要措施，保证塔架不被外力撞击，在安装前对受伤漆膜进行补漆处理，运行中如发现塔架漆膜损伤时，则应检查内部金属材料是否锈蚀，如有锈蚀应先处理再进行补漆。

图 3-20　塔架漆膜受损处理

3-3-3　塔架焊缝开裂

造成塔架焊缝开裂的主要原因有：塔架焊接工艺不合格，塔架运输过程造成损坏。

塔架焊缝开裂处理方法：塔架焊接应该严格按照塔架制造技术规范进行。在塔架安装前进行外观和超声波检测，如发现焊缝开裂应及时进行补焊，必要时返厂处理。机组运行后塔架焊缝有裂纹时，应对同类可见焊缝进行100%的目视检查，必要时采用磁粉或渗透、超声方法进行无损检测，同时对裂纹部位及时修复处理。

3-3-4 塔架异常振动

造成塔架异常振动主要原因有：机组机位湍流强度过大，叶片重量配比原因导致风轮整体重心偏移，机架、塔架、主轴、叶片等部位连接螺栓松动或断裂，齿轮箱、发电机、偏航机构、变桨机构发生长期异常运行。另外，风电机组因紧急停机、电网掉电等运行状态发生突变时，也会造成塔架振动。

塔架异常振动的处理方法：应尽量避免将风电机组安装在湍流强度过大的地形位置上。对风轮进行动平衡试验，保证风轮重心正确。加强螺栓检查，发现松动及损坏的螺栓应及时进行紧固和更换。加强风电机组日常检查及定期维护，发现齿轮箱、发电机等部件缺陷及时进行处理。必要时可对风电机组控制程序进行优化。

3-3-5 塔架法兰螺栓断裂

造成塔架法兰螺栓断裂主要原因有：未按工艺标准安装螺栓，定期维护不到位。

塔架法兰螺栓断裂处理方法：加强施工期机组安装管理，严格按照工艺标准安装风机设备，机组运行后应加强塔架法兰连接螺栓的检查，发现松动或损坏的螺栓，应及时停机分析螺栓断裂原因并判断对机组安全运行的影响程度，更换螺栓后应确认无安全隐患再投运机组。

图3-21 塔架螺栓断裂引发风机倒塔

第四节
主轴及轴承常见缺陷及处理

一、主轴及轴承维护

主轴及轴承维护项目：外观检查主轴表面是否有裂纹、可视形变、漆膜破损；校验主轴与叶轮连接螺栓及轴承支架螺栓力矩；检查主轴轴承润滑脂泄油口是否堵塞，清理主轴轴承处溢出油脂；检查主轴转速传感器及传感器支架安装是否牢固；检查主轴附件是否正常，如注脂机、轮毂锁定装置、主轴护罩及护罩固定支架。

二、主轴及轴承常见缺陷及处理方法

风电机组主轴及轴承常见缺陷有主轴漏油，轴承损坏，主轴轴承温度异常。

3-4-1 主轴漏油

造成主轴漏油主要原因有：主轴密封圈松动或损坏，注油过多。

主轴漏油处理方法：调节主轴密封圈锁止弹簧的松紧度，需要注意的是松紧度不宜过紧，否则会使液化的废油不能及时排出，进而影响轴承使用寿命。如密封圈损坏更换新密封圈。根据主轴运行时间、工况及厂家指导书合理制定主轴轴承注脂周期、注脂量。

图 3-22 轴承密封损坏

图 3-23 油脂大量溢出

3-4-2 主轴轴承本体损坏

造成主轴轴承本体损坏主要原因有：主轴轴承受力不均或安装不到位，主轴润滑油缺失或过多，润滑油混用。

主轴轴承本体损坏处理方法：严格按照机型设计要求进行齿轮箱主轴轴系对中，在安装主轴轴承时严格按照安装工艺施工。保证主轴接地系统完好，接地电阻合格。使用正确的润滑油进行润滑。根据主轴运行时间、工况及厂家指导书合理制定主轴承注脂周

图 3-24 主轴本体损伤

图 3-25 主轴轴承及收缩盘损坏

期、注脂量。主轴轴承损伤后应返厂处理。新机组运行一年，应对有明确焊接修复记录的主轴进行超声检测，同批次主轴如有断裂应对全部机组主轴进行超声检测。

3-4-3 主轴轴承温度异常

造成主轴轴承温度异常主要原因有：主轴轴承润滑不良、轴承损坏、温度检测回路故障。

图3-26 温度传感器损坏

主轴轴承温度异常处理方法：查看轴承温度参数，判断参数状态是否正常。如果控制面板参数为负极限值，可判断为温度传感器接线回路发生短路。如果参数为正极限值，可判断为传感器接线回路断路或传感器损坏，可用万用表欧姆档测量传感器阻值，阻值正常则检查回路接线。如果控制面板参数值在正负极限值以内，使用红外线测温仪测量轴承温度，如果测量仪数值与参数值一致，则应进一步检查轴承本体。检查主轴轴承密封及润滑情况，检查轴承是否有异常噪声，如轴承本体损伤则参考3-4-2。

第五节

高速轴联轴器常见缺陷及处理

一、联轴器结构

风力发电机组常见高速轴联轴器结构有膜片联轴器、连杆式联轴器。膜片联轴器结构比较简单，弹性元件的连接没有间隙，一般不需润滑，维护方便，平衡容易，重量轻，

图3-27 膜片联轴器

图3-28 连杆式联轴器

对环境适应性较强，缺点是扭转弹性较低，缓冲减振性能差。联接高速轴端广泛应用的还有连杆式联轴器，其电绝缘结构设计在连杆销处。

二、联轴器维护

联轴器维护项目：检查联轴器防护罩是否变形、损坏，是否牢固；检查联轴器中间体是否有裂纹，橡胶缓冲部件是否有变形或放射性裂纹；检查固定螺栓力矩；检查弹簧膜片有无裂纹；检查万向联轴器轴承、花键是否完好。

三、联轴器损坏缺陷及处理方法

风电机组联轴器常见缺陷有：联轴器本体失效、联轴器连接螺栓松动、齿轮箱与发电机轴系对中异常。

3-5-1 联轴器本体失效

联轴器本体失效主要原因有：联轴器材质问题、联轴器传递异常扭矩。

联轴器本体失效处理方法：联轴器中间轴、扭矩限制器、轴毂、十字包及附件发生变形、裂纹等严重缺陷时必须更换，并对发电机和齿轮箱轴对中，发电机过载或其他原因导致扭矩限制器保护动作时，其表面的检视线会发生位移，应重新标记新的检视线，如有必要应对其螺栓力矩进行检验。柔性联轴器如果有轻微裂纹可标记后继续运行，但标记后仍继续加重则应更换。联轴器如有异常时均应考虑重新进行轴系对中，调整发电机与齿轮箱相对位置。

图 3-29　刚性联轴器损坏　　　　　　图 3-30　柔性联轴器撕裂脱落

3-5-2 齿轮箱与发电机不对中

齿轮箱与发电机不对中主要原因有：发电机底角螺栓松动导致发电机错位、发电机与齿轮箱轴套损坏。

齿轮箱与发电机不对中处理方法：如发现发电机与齿轮箱对中数据异常，应校验发电机螺栓力矩，检查联轴器胀紧套是否失效导致发电机丢转速。在进行齿轮箱与发电机对中时，建议风速 4m/s 以内进行。如联轴器受异常扭矩导致失效则参照 3-5-1。

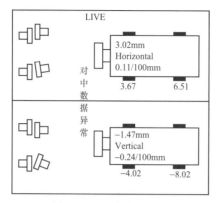

图 3-31 对中数据异常

图 3-32 激光对中仪对中

第六节

齿轮箱常见缺陷及处理

一、齿轮箱结构

常见齿轮箱结构：一级行星两级平行级；两级行星一级平行级；带主轴齿轮箱；紧凑型齿轮箱（半直驱齿轮箱）。

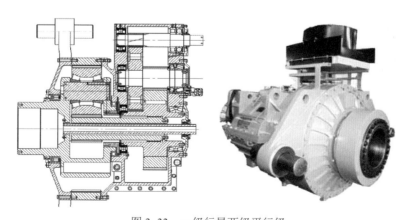

图 3-33 一级行星两级平行级

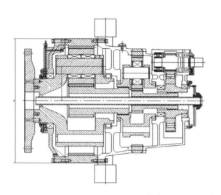

图 3-34　两级行星一级平行级

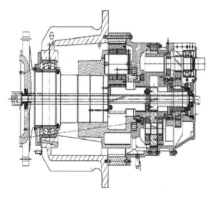

图 3-35　带主轴齿轮箱

二、齿轮箱维护

齿轮箱维护项目：检查齿轮箱油位，根据实际情况加油，并取油样化验；外观检查齿轮箱密封情况，各管路、接头、中心孔、端盖、冷却器等是否有损坏、渗漏油，如有则清理油污并进行处理；目视检查弹性支撑是否有裂纹、剥离、变形、掉落橡胶粉末、弹性支撑外移等现象；检查齿轮箱接地螺栓是否松动、接地线是否损坏；每年对齿轮箱的油温、振幅监测结果和变化趋势进行分析，对其中温度、振幅较高和变化幅度较大的齿轮箱进行特殊抽查，对轴承、齿轮损伤情况进行内窥镜检查，发现问题应扩大检查范围。轴承检查应无明显的剥落、点蚀、塑性变形、裂纹、断裂等损伤，齿轮检查应无轮齿断裂和明显的点蚀、胶合、塑性变形、磨损等损伤。

三、齿轮箱常见缺陷及处理方法

风电机组齿轮箱常见缺陷有：齿轮箱本体损坏，齿轮油位低，齿轮油温度高，齿轮油压差故障，齿轮油压力低故障。

3-6-1 齿轮箱本体损坏

造成齿轮箱本体损坏的主要原因有：突然过载或严重冲击载荷引起齿轮、轴承、支架、轴损坏，润滑系统失效导致润滑不良。

齿轮箱本体损坏处理方法：一般齿轮箱在高速轴部位会加装高速轴承温度传感器，对高速轴承进行监控。如果报高速轴承温度高，就必须对高速轴承进行全面的检查，检查是否有铁屑，或轴承的保持架是否完好，滚子与滚道是否有磨损。其他轴承转速较低，没有安装温度传感器，在定期维护时使用工业内窥镜对齿轮箱内部进行检查，若发现有异常，应做好记录，在恒定转速下监听齿轮箱运行声音，确定齿轮箱能否继续运行。如齿轮箱不能继续运行，应返厂维修。值得注意的是，由于现场工况特殊油品变质失效现象时有发生，如发现应立即停机更换新油，并使用工业内窥镜对齿轮箱内部进行详细检查。

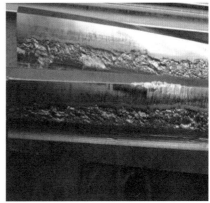

图 3-36　齿轮箱点蚀、胶合

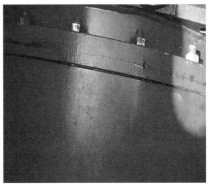

图 3-37　断齿、外壳破裂

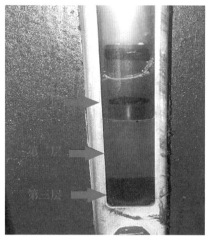

图 3-38 轴承损坏、油失效

3-6-2 齿轮箱油位低

造成齿轮箱油位低的主要原因有：维护损耗，齿轮箱漏油，检测回路故障。

齿轮箱油位低处理方法：检查齿轮箱油位指示是否正常。如果油位指示正常，应先使用万用表欧姆档测量油位传感器阻值，如果阻值为 0，则传感器正常，需进一步检查接线控制回路。如果油位指示确实低，需要检查齿轮箱壳体、齿轮油冷却系统有无漏油，发现漏油及时处理。如未发现漏油点，需要加强日常巡视检查，按标准及时进行补油。

3-6-3 齿轮箱温度高

造成齿轮箱温度高的主要原因有：齿轮油泵损坏，油泵电机、散热电机损坏，温控阀损坏，散热器或散热通道堵塞，电机、温度控制回路故障。

图 3-39 齿轮箱油位低

图 3-40 冷却回油出口压力　　　　　图 3-41 温度传感器损坏

齿轮箱温度高处理方法：在控制面板查看齿轮箱温度参数，同时使用红外线测温仪测量齿轮箱温度。如果数值不一致，需要检查温度控制回路，紧固回路接线，对损坏元件或线缆及时更换。如果数值一致，启动齿轮箱通风电机测试，检查散热电机运行是否正常，检查齿轮箱顶部散热片、散热通道是否堵塞。启动齿轮油泵电机测试，检查齿轮油泵、电机、温控阀是否损坏，及时更换损坏部件。

3-6-4 齿轮油压差故障

造成齿轮油压差故障的主要原因有：滤芯堵塞，压力传感器回路故障。

齿轮油压差故障处理方法：启动齿轮油泵电机测试，查看压差传感器压力值。检查压力传感器回路接线是否松动，并对接线端子进行紧固。检查传感器或传感器控制回路元器件是否损坏，对损坏的传感器、线缆、控制器模块进行更换。检查滤芯是否堵塞，对堵塞滤芯进行更换。检查滤芯有无铁屑，如有大量铁屑需进一步检查齿轮箱本体是否损坏。检测油品质量，如不合格进行更换。

3-6-5 齿轮油压力低

造成齿轮箱齿轮油压力低的主要原因有：电机、油泵损坏，油路接头松动，齿轮油泵电机控制回路故障，压力传感器回路故障。

齿轮箱齿轮油压力低处理方法：启动齿轮油泵电机测试，观察电机运行状态。如果电机不能正常运转，检查齿轮油泵电机控制回路元器件是否损坏，对损坏的电机、接触器、线缆、控制器模块进行更换。查看齿轮油压力值，使用压力表在齿轮油压力测点处测量压力值。如果使用压力表测量的数值与控制面板数值一致，检查油泵是否损坏，油路接头是否松动，发现问题及时处理。如果使用压力表测量的数值与控制面板参数值不一致，表明压力传感器回路不正常，检查传感器回路元器件是否损坏，紧固回路接线端子，对损坏的传感器、线缆、控制器模块进行更换。

3-6-6 齿轮油失效

齿轮油对齿轮的润滑、抗磨、冷却、散热、防腐防锈、洗涤和降低齿面冲击与噪声等方面起到了重要作用。齿轮油检测中出现指标异常，一方面可能是齿轮啮合部位或轴承金属磨损，其磨损碎屑落入油中造成；另一方面则是齿轮油的理化指标异常，油品性能已经劣化。齿轮油常见的化验指标包括：黏度、水含量、闪点、酸值、碱值、污染度、光谱元素等。风力发电机组齿轮箱长期处于低速高扭矩、变载荷、温差大且维护频率低的工况中运行，对齿轮油的品质要求较高。故一旦发现齿轮油化验结果异常，应立即停机查找原因，对失效的油品及时进行过滤或更换，防止齿轮箱发生大部件损坏故障。

风电齿轮箱运转特点	齿轮油性能要求
➤ 风力时大时小，交变载荷快且复杂 ➤ 风机经常起停，有较大的冲击载荷 ➤ 低速、高扭矩 ➤ 高空运转振动大	➤ 抗磨损性能好，减小摩擦和磨损 ➤ 抗微点蚀性能好 ➤ 润滑油膜有效吸收冲击和振动 ➤ 具有高的承载能力，防止胶合
➤ 温差大，冬天户外可低至≤-40℃，齿轮箱运转时可达 60℃	➤ 黏温性好，黏度随温度变化小 ➤ 低温性能好，低温环境下风机顺利冷启动
➤ 要求高可靠度：设计使用寿命 20 年 ➤ 要求低维护：因为高空安装，机舱空间狭小，维修困难且费用高昂	➤ 高性能润滑：避免润滑失效引起齿面伤害 ➤ 油品长寿命：耐氧化、耐老化、抗剪切
➤ 浸润飞溅润滑	➤ 泡沫性能好，使用中泡沫性能稳定不降低
➤ 湿气大，盐分高（特别是海边或湖边）	➤ 长期运转，设备各部件的防锈性能好，含铜件的耐蚀性能好
➤ 尘土及风沙 ➤ 运转过程中磨损颗粒元素	➤ 保持较好清洁度，油品能长期耐受高精度过滤，过滤后无添加剂析出等不良问题
➤ 与设备密封材料、油漆涂层相容性要求高	➤ 油漆、涂料、密封材料的相容性好
➤ 冷热温差大，容易积存冷凝水	➤ 良好的破乳化性能

图 3-42 齿轮箱运转特点　　　　　　图 3-43 齿轮油性能要求

第七节

发电机常见缺陷及处理

一、发电机结构

常见发电机结构：双馈异步发电机、直驱同步发电机。

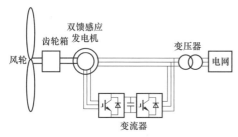

图 3-44 双馈异步发电机

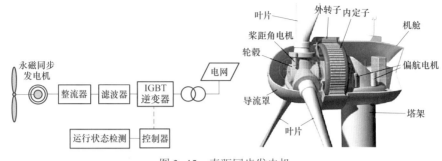

图 3-45　直驱同步发电机

二、发电机维护

发电机维护项目：检查转速传感器接头是否松动，安装是否牢固；检查冷却风扇、排风管道是否有损坏、异物等，发电机冷却波纹通风管是否压折，堵塞。检查风扇功能情况，风扇转动后，观察叶片、振动情况；检查风扇内部是否存在异物，旋转方向是否正确，风扇转动声音是否正常；检查水冷系统紧固件，泵单元固定螺栓是否松动，水管固定是否牢固，各个水管接头是否松动和渗漏，压力表指示压力与控制面板显示是否一致，水压是否在工作要求范围内，如果压力异常按要求补充冷却液或进行排气；检查集电环表面是否有条痕、擦伤、凹坑、斑点、打火腐蚀等情况，清洁集电环、电刷、刷架处积累的碳粉，检查碳刷刷握弹簧的压力是否符合厂家要求；检查排碳筒外观是否完好，固定是否牢固；手动依次触发每块碳刷上的微动开关，观察控制面板上的碳刷磨损信号是否变化；紧固定、转子接线，紧固温度传感器接线，紧固接地线；检查编码器安装是否牢固，插头及拉杆是否有松动；检查电缆外皮是否完好，格兰头是否牢固；通过注油孔对发电机前后轴承进行注油，清理排油口废油脂；检查自动润滑系统是否正常工作，添加油脂；对发电机进行绝缘测试。

三、发电机常见缺陷及处理方法

发电机常见缺陷有：发电机异音，发电机绕组故障，发电机温度异常故障，发电机碳刷、集电环故障。

3-7-1　发电机异音

造成发电机异音的主要原因有：润滑不良，地脚螺栓松动，传动轴系不对中，轴承损坏，转子扫膛。

发电机异音判断处理方法：检查发电机润滑是否正常，严格按照厂家标准进行正确润滑。检查地脚螺栓是否松动，如有松动对发电机对中，按力矩值要求紧固螺栓。对发电机传动轴系对中进行校验，如有问题重新对中。检查轴承是否损坏，如有损坏及时更换。检查发电机端盖是否松动，对松动的端盖重新定位紧固，检查转子轴是否正常，如有损坏进行更换。

图 3-46　轴承更换

3-7-2　发电机绕组故障

造成发电机绕组故障的主要原因有：绕组匝间短路、断匝，绕组相间短路，绕组接地。

发电机绕组故障判断处理方法：解开发电机的定子、转子接线。使用绝缘电阻表选择合适的电压等级对发电机定子、转子摇绝缘。定子相间及对地电阻应符合绝缘要求，转子对地电阻应符合绝缘要求。使用直阻仪测量发电机定子、转子阻值。测量定、转子相间阻值是否平衡，是否符合发电机正常运行要求。使用电感表测量发电机定、转子相间电感是否平衡。更换损坏的发电机，损坏的发电机返厂修理。

图 3-47　绕组损坏

3-7-3　发电机温度异常故障

造成发电机温度异常故障的主要原因有：风扇、电机、水泵损坏，电机控制回路故障，温度传感器控制回路故障。

发电机温度异常故障判断处理方法：在控制面板查看电机温度参数,确定参数状态。如果控制面板参数为负极限值，则代表温度传感器（PT100）接线回路发生短路，用万用表欧姆档查找短路点。如果参数为正极限值，则代表传感器损坏传或感器接线回路开路，可用万用表欧姆档测量传感器阻值，阻值正常则检查接线回路。如果控制面板参数值在正负极限值以内，使用红外线测温仪测量发电机温度，如果温度确实异常，检查发电机冷却回路。启动发电机冷却回路测试，采用风冷方式的机组，检查散热电机运行是否正常，通风管道连接是否正常。采用水冷方式的机组，检查水泵、电机、温控阀是否正常，检查散热片是否堵塞。如果发电机轴承温度高，检查轴承是否损坏，轴承润滑是否正常。

3-7-4 发电机碳刷、集电环故障

集电环刷架组件是双馈异步发电机的关键部件之一。集电环与电刷相接触，是使电流从电路的一侧通过滑动接触流到另一侧的导电金属环。集电环能够提高系统性能，简化系统结构，避免导线在旋转过程中造成扭伤。

图 3-48　集电环结构图

造成发电机碳刷、集电环故障的主要原因有：碳刷过度磨损，碳刷与滑道之间接触不良，集电环室积碳过多，刷握压力异常，碳刷磨损检测回路故障。

发电机碳刷、集电环故障判断处理方法：检查碳刷与滑道的接触面是否正常。检查碳刷长度是否正常，对磨损严重的进行更换，更换前进行预磨。检查集电环室内积碳是否过多，定期进行清理。用弹簧秤检查刷握压力是否符合运行要求。检查碳刷磨损检测回路，对回路接线端子紧固，对损坏的控制器模块、线缆、继电器、限位开关进行更换。

图 3-49　碳刷过度磨损导致刷架与集电环表面受损

第八节
液压系统常见缺陷及处理

一、液压系统结构

风电机组液压系统为机组液压刹车、液压变桨提供必要的液压驱动力,主要由电机、泵、过滤器、油箱、阀、管路、压力传感器、蓄能器、加热器等设备组成。

图 3-50　液压系统结构图

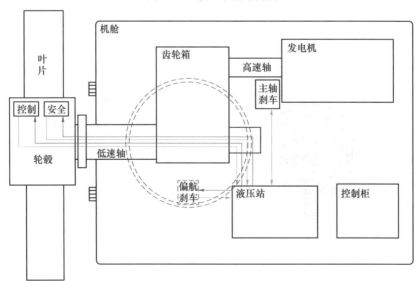

图 3-51　液压驱动示意图(变桨控制、主轴刹车、偏航刹车)

二、液压系统维护

液压系统维护项目：检查液压站至偏航制动器、主轴制动器间的油管及油管接头是否漏油；检查液压油位，液压系统没有压力时油位不高于上警戒线，不低于下警戒线，如果缺少需添加；检查过滤器，如发现堵塞或损坏应更换滤芯；检查蓄能器压力，压力不足的进行补压；检查液压阀，检查各种液压阀体是否有泄漏，发现渗漏更换阀体；取油样进行化验，油质不合格时更换液压油；测试液压油加热功能、液压系统压力值、偏航刹车阻尼压力值、高速轴刹车压力值、溢流阀动作的压力值、测试油泵启、停压力值，做好记录，发现异常应及时调整或处理。

三、液压系统常见缺陷及处理方法

液压系统常见缺陷：液压站漏油、储能器气囊损坏、刹车卡钳损坏、打压超时、油温异常、油位低。

3-8-1 液压站漏油

液压站漏油的主要原因有：液压站箱体漏油、密封圈失效、液压站连接管路松动或渗油。

液压站漏油故障判断处理方法：紧固箱体螺栓，更换箱体密封圈。加强日常巡视，发现有渗油和漏油必须及时处理。

3-8-2 储能器气囊损坏

造成储能器气囊损坏的主要原因有：冲压压力过高、冲压阀泄漏。

储能器气囊损坏判断处理方法：更换储能器，并按照储能器标准压力进行冲压；更换氮气罐或冲压阀阀芯。

图 3-52 储能器气囊结构图

1—氮气缸体；2—气体；3—保护帽；4—充气阀；5—气囊；

6—油；7—盘型阀；8—油口

3-8-3　刹车卡钳损坏

造成刹车卡钳损坏的主要原因有：刹车片磨损严重，机械卡滞。

刹车卡钳损坏判断处理方法：高速轴刹车片磨砂盘厚度低于2mm及时更换刹车片。偏航刹车需解体刹车卡钳检查，刹车卡钳损坏前期征兆为刹车盘异常磨损，卡钳处堆积大量刹车片碎屑。

图 3-53　高速轴刹车卡钳

图 3-54　解体检查偏航刹车卡钳

3-8-4　打压超时

造成打压超时的主要原因有：油泵、电机损坏，液压油管漏油，电磁阀损坏，储能器压力不足，电机控制回路故障，压力信号测量异常。

打压超时故障处理方法：检查液压站油位是否正常，管路是否有泄漏。启动打压测试，观察电机运行状态，确定电机是否损坏。检查液压电机控制回路，紧固接线端子，更换损坏的断路器、接触器、线缆、控制器模块。使用压力表在压力测点处测量压力值，如果测量的数值与控制面板参数不一致，表明压力信号测量回路故障，使用万用表检查传感器或压力信号测量回路，紧固回路接线端子，更换损坏的传感器、控制器模块；如果测量值与控制面板数值一致，表明压力信号测量准确，应检查泄压阀、溢流阀、油泵是否损坏。使用外接压力表测量储能器压力值是否正常。

3-8-5　油温异常

造成液压系统油温异常的主要原因有：加热器控制回路故障，温度传感器测量回路故障。

油温异常故障判断处理方法：在控制面板查看温度参数，同时使用红外线测温仪测量油温。如果数值一致，表明温度测量回路正常，检查加热器控制回路是否正常。如果数值不一致，表明温度传感器测量回路异常，使用万用表检查温度传感器测量回路，紧固回路接线，对损坏元件或测量仪表及时更换。

3-8-6 液压油系统油位低

造成油位低故障的主要原因有：液压站、油管、管接头漏油、密封失效、油位传感器测量回路故障。

油位低故障判断处理方法：检查液压站油位指示是否正常。如果油位指示确实低，需要检查液压站壳体、油管、管接头、密封处有无渗漏油，发现渗漏油现象及时处理，油位过低应及时补油；如果油位指示正常，应先使用万用表欧姆档测量油位传感器阻值，阻值为 0 则传感器正常，应进一步检查测量控制回路，紧固接线端子，对损坏元件或线缆及时更换。

第九节

偏航系统常见缺陷及处理

一、偏航系统作用及结构

偏航系统的作用：与风电机组控制系统相配合，使机组叶轮始终保持迎风状态，以便最大限度地吸收风能，并提供对风后机舱位置定位锁紧力。

偏航结构组成：偏航驱动装置、偏航计数器、偏航轴承、偏航刹车盘、偏航刹车卡钳。

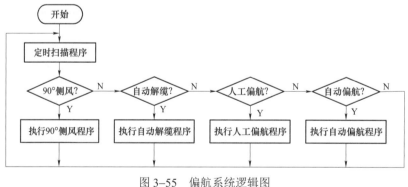

图 3-55 偏航系统逻辑图

二、偏航系统维护

偏航系统维护项目：检查偏航刹车盘表面是否有裂纹、擦伤和异物，清理刹车盘表面油污；检查偏航刹车片厚度，清理接触面；检查偏航齿圈齿面是否有磨损、裂纹、点蚀、断裂等现象；测量齿轮与齿圈的啮合间隙，进行适当润滑；对偏航轴承进行注脂，检查自动注脂系统功能；检查偏航减速器齿轮箱油位；检查雷电保护装置、碳刷长度、接触面、弹簧弹力，确保安装牢固；检查偏航电机电磁刹车，打开偏航电机上端盖，刹车应无严重磨损，且处于常闭状态；检查偏航系统动作时是否有异常噪声和振动；检查偏航功率，根据要求进行调整；测试偏航计数器、位置传感器、编码器功能是否正常。

图 3-56　偏航刹车盘

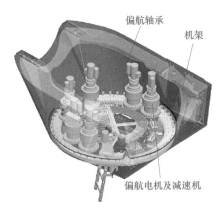

图 3-57　偏航系统结构图

三、偏航系统常见缺陷及处理方法

偏航系统常见缺陷：偏航减速器损坏，偏航系统异音，偏航计数器故障，偏航定位不准。

3-9-1　偏航减速器损坏

造成偏航减速器损坏的主要原因有：偏航减速器载荷异常，偏航控制策略问题，偏航启动冲击力较大，减速器漏油。

偏航减速器损坏处理方法：检查偏航阻尼值是否过大，调节偏航阻尼力矩值或调节偏航刹车卡钳压力值；检查偏航滑道是否卡滞或损坏；优化偏航控制策略；在偏航电机电源侧加装偏航软启动系统；加强日常巡视检查，及时进行补油。

图 3-58　减速器内部齿盘损坏

图 3-59　减速器轴承损坏

3-9-2 偏航系统异音

造成偏航系统异音的主要原因有：偏航刹车片、刹车盘磨损严重，粉末淤积，刹车卡钳卡滞，偏航阻尼过大，偏航滑板损坏，偏航润滑不良，减速机固定螺栓松动。

偏航系统异音处理方法：摩擦盘厚度低于 2mm 时更换刹车片，刹车片要成套更换，对损坏的刹车盘进行修复或更换。定期清理刹车片淤积粉末。检查液压回路是否正常，刹车卡钳是否损坏，如有损坏进行更换。按照厂家标准调节刹车卡钳刹车压力。采用滑动轴承的偏航系统，检查偏航滑板是否损坏。风机偏航使用正确的润滑油脂，按厂家要求定期对偏航系统进行润滑。

3-9-3 偏航计数器故障

造成偏航计数器故障的主要原因有：连接螺栓松动，异物卡滞，连接电缆损坏，雷击损坏。

偏航计数器故障处理方法：检查偏航计数器支架固定是否牢固，齿间有无异物。检查电缆连接是否良好，控制器模块是否正常。检查偏航计数器是否损坏或凸轮位置是否错误。按照厂家标准调节凸轮位置，调节完毕后，进行偏航验证。

图 3-60 减速机与机架连接的螺栓松动

图 3-61 扭缆传感器

3-9-4 偏航定位异常

造成偏航定位异常的主要原因有：风向传感器故障、偏航阻尼力矩过大或过小，偏航齿圈与偏航驱动齿间间隙过大。

偏航定位异常处理方法：按照厂家规定标准安装风向传感器，并根据基准点对风向传感器进行调整。检查风向传感器支架及接线是否松动。检查风向传感器是否有异物，信号是否被阻塞。检查风向传感器、控制器模块是否损坏，控制策略是否正确。按厂家标准紧固偏航螺栓力矩或调节刹车卡钳压力值。测量齿间间隙，如有异常进行调整。

图 3-62　风速、风向传感器堵塞

第十节

变流器常见缺陷及处理

一、变流器结构

变流器由定子并网断路器、整流模块、逆变模块、输入/输出滤波器、绝缘栅双极型晶体管（IGBT）、程序控制系统（PLC）、电压电流测量单元、卸荷电路（Crowbar）、直流斩波电路（DC Chooper）、控制器、监控界面、冷却系统等设备组成。

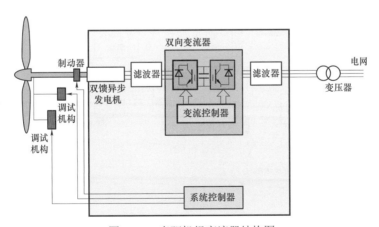

图 3-63　直驱机组变流器结构图

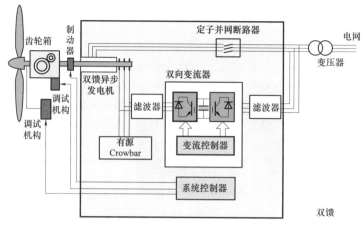

图 3-64　双馈机组变流器结构图

二、变流器工作原理

双馈机组发电机定子直接与电网相连，转子侧通过功率变换器连接到电网。通过对发电机定子输出频率和转子机械频率的计算，改变转子的励磁频率而使机组完成变速恒频运行。并网初期，网侧电压、电流检测单元判断电网参数正常后，接通预充电回路，直流母线电压达到交流电网电压的一定倍数后切出预充电回路，网侧主接触器闭合，同时投入交流滤波，网侧变流器开始调制，当电网侧变流器建立起稳定的直流母线电压，且发电机转速在运行范围内，电机侧变流器调制运行，为发电机转子提供交变励磁电流，定子侧感应出交流电压，当定子电压与电网电压一致时，闭合并网断路器，机组并网运行，开始功率调节和最大功率跟踪。

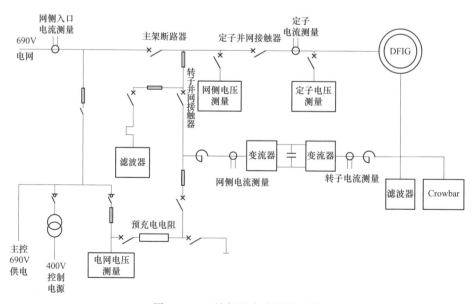

图 3-65　双馈机组变流器原理图

直驱型机组变流器多为全功率变流器，大致分为电网侧变流器回路、电机侧变流器回路、直流侧卸荷单元、电励磁单元。并网初期，网侧电压、电流检测单元判断电网运行参数正常后，接通预充电回路，直流母线电压达到交流电网电压的一定倍数后闭合主回路断路器，切出预充电回路，变换器开始调制，建立稳定的直流母线电压，直流侧电压稳定，且发电机转速在运行范围内，闭合电网侧主回路断路器，此时闭合电机侧定子断路器，电机侧变换器开始调制，开始功率调节和最大功率跟踪。

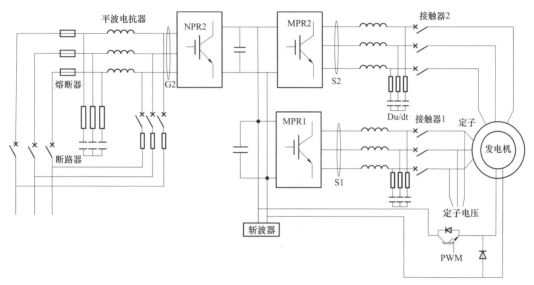

图 3-66　直驱机组变流器原理图

三、变流器维护

变流器维护项目：检查变流器柜外观无破损变形；检查电缆绝缘层无腐蚀、老化、破损等现象，紧固机侧与网侧电缆连接螺栓；检查电容有无鼓包、漏液现象，接线是否牢固，有无烧灼痕迹；检查变流器水冷系统，查看水泵压力，测试水泵、风扇电机运行情况；检查主控系统、变流器时间标签校正情况；软件测试变流器功能，观察直流母线电压、电流是否正常。

四、变流器常见缺陷及处理方法

变流器常见缺陷：预充电回路故障，主回路故障，滤波回路故障，功率单元故障，电压、电流检测回路故障，直流卸荷回路故障，转子短路保护回路故障，冷却回路故障。

3-10-1　预充电回路故障

预充电回路故障的主要原因有：预充电回路元器件损坏，变流器控制回路故障。

预充电回路故障处理方法：测量预充电回路电源是否正常；检查预充电回路断路器状态是否正常；检查控制器控制信号状态是否正常；检查预充电回路接触器工作状态是否正常；使用电感表检查网侧电抗器三相绕组是否平衡；检查网侧变频器是否正常；检查直流母排电容是否损坏。

图 3-67　直流母排电容损坏

3-10-2　主回路故障

主回路故障的主要原因有：励磁接触器、变流器控制回路故障。

主回路故障处理方法：检查直流母排电压是否正常；检查控制器控制信号状态是否正常，模块是否损坏；检查主回路励磁接触器工作状态是否正常；使用电感表检查网侧电抗器三相绕组是否平衡。

图 3-68　接触器动、静触头黏连

3-10-3　滤波回路故障

滤波回路故障的主要原因有：滤波回路元器件故障，变流器控制回路故障。

滤波回路故障处理方法：检查控制器控制信号状态是否正常；检查滤波回路接触器工作状态是否正常；检测滤波电容是否损坏；检测滤波电阻阻值是否正常。

3-10-4　功率单元故障

功率单元损坏故障的主要原因有：功率单元元件损坏，变流器控制回路故障。

功率单元故障处理方法：检查功率单元外观是否异常；检查控制器控制信号状态是否正常；检测 IGBT 是否损坏；检查控制板、驱动板是否损坏。

图 3-69　控制板烧损

3-10-5　电压、电流检测回路故障

电压、电流检测回路故障的主要原因有：检测回路元件损坏，变流器检测模块故障。

电压、电流检测回路故障处理方法：检查电压、电流互感器是否损坏；检查电压、电流变送单元输出信号是否正常；检查控制器模块是否损坏。

3-10-6　直流卸荷回路故障

直流卸荷回路故障的主要原因有：直流卸荷回路元件损坏，变流器控制回路故障。

直流卸荷回路故障处理方法：观察控制器故障指示灯是否正常；使用万用表检查 IGBT 是否正常；检查放电电阻阻值是否异常；检查控制器控制信号是否正常。

3-10-7　转子短路保护回路故障

转子短路保护回路故障的主要原因有：转子短路保护回路元件损坏，变流器控制回路故障。

转子短路保护回路故障处理方法：观察转子短路保护回路控制器故障指示灯是否正常；检查转子短路保护回路整流管管压降是否正常；使用万用表检查 IGBT 是否正常；检查放电电阻阻值是否异常；检查控制器控制信号是否正常。

3-10-8　冷却系统故障

冷却系统故障的主要原因有：通风窗阻塞，风冷或电机损坏，泵损坏，水压低。

冷却系统故障处理方法：检查变流器通风窗、散热器是否阻塞，如有阻塞及时清理；启动变流器通风风扇，观察风扇电机工作状态是否正常；检查风扇控制回路状态是否正常；检查水冷泵工作状态是否正常；检查水冷系统水管有无漏水，管接头是否松动；检查气囊工作压力是否在正常范围内，必要时补压，气囊损坏进行更换。

图 3-70　冷却系统水压正常

第十一节

变桨系统常见缺陷及处理

一、变桨系统结构

变桨系统根据 PLC 发出的指令调节叶片的角度，在低于额定风速时捕获最大风能，高于额定风速时保持功率恒定，实现风力发电机启动、停机以及紧急停机的控制。主流变桨系统分为电动变桨和液压变桨。电动变桨机构包括：电机、减速器、变桨轴承及齿圈、变频器、后备电源等。液压变桨机构包括：液压站、液压油管、液压油缸、比例阀等。为了将机舱内的通信信号及动力电源送到旋转的轮毂中，还需要使用滑环。由于滑环的故障多出现在其转动部分，其可靠性直接关系到变桨系统的运行情况，故一般将安装在机舱内的滑环也归属于变桨系统。

图 3-71 电动变桨内部结构

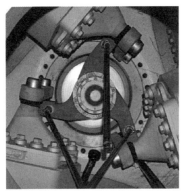 

图 3-72 液压变桨机组轮毂内部结构

二、变桨系统维护

电动变桨系统维护项目：检查变桨齿圈和变桨驱动齿轮表面是否有磨损、腐蚀或异物；检查齿轮表面润滑情况，确保对齿圈 0°～90° 范围内全部润滑到位，如发现油脂中有残留物或颗粒，清洁齿轮表面并重新润滑，在变桨齿圈齿轮表面 90°～360° 范围内手动涂抹润滑油脂进行防腐保护；检查轮毂照明、润滑系统、限位开关、编码器、变桨减速器油位是否正常；检查变桨控制柜是否损坏、变形、生锈；检查风扇口及散热孔是否有堵塞现象；检查充电回路、蓄电池是否正常；检查主控至变桨电源线、信号线是否捆扎牢靠，无摩擦、破损；检查滑环外表面有无破损、油污，固定装置是否牢靠；对于可以打开的滑环，检查滑环内部是否有油脂或污染，若有则清洗滑环；对于不允许打开的滑环，仅外观检查。

液压变桨维护项目：检查变桨机构连杆、导向杆润滑是否良好；轮毂供油管路、变桨缸本体、集成阀块阀体、比例阀及液压站本体是否漏油；进行正、负变桨测试；进行正、负偏移量校准；进行正弦变桨测试。

三、变桨系统常见缺陷及处理方法

变桨系统常见缺陷有：变桨轴承漏油、变桨减速器损坏、后备电源故障、编码器故障、变桨不同步、变桨电机温度高、变桨无通信。

3-11-1 变桨轴承漏油

变桨轴承漏油的主要原因有：轴承密封圈损坏、注油工艺不合格。

变桨轴承漏油处理方法：检查是否有泄漏点，如有泄漏点进行密封处理，对损坏的密封圈及时更换，严格按照定期维护标准注油。

3-11-2 变桨减速器损坏

变桨减速器损坏的主要原因有：变桨载荷大、减速器缺油或漏油。

变桨减速器损坏处理方法：检查变桨机构是否卡滞，变桨减速器内部及变桨齿圈是否有异物，如有异物应及时进行清理；使用塞尺检测啮合间隙并按要求进行调整；检查变桨减速器密封情况，如有漏油点及时处理；检查变桨减速器内部油位，如缺油应及时进行补油处理。

3-11-3 后备电源故障

后备电源故障的主要原因有：变桨蓄电池或超级电容损坏，充电器及其回路故障，加热器及其回路故障。

后备电源故障处理方法：检查蓄电池或超级电容是否松动，蓄电池是否变形、漏液；

通过控制面板检查蓄电池或超级电容电压是否正常，测量后备电源容量是否正常，如有异常整组进行更换；检查轮毂加热及冷却系统是否能满足蓄电池组运行环境温度要求；测量充电器输入、输出电压是否正常，确定充电器是否损坏；检查充电回路接线是否松动、损坏，控制器模块信号是否正常；对加热器进行手动测试，确定加热器及其控制回路正常，对损坏的加热器及回路元件进行更换。

图 3-73　后备电源电缆外皮破损漏电

图 3-74　测量超级电容电压

3-11-4　编码器故障

编码器故障的主要原因有：编码器本体损坏，编码器信号回路故障。

编码器故障处理方法：检查编码器安装是否到位或松动；检查编码器屏蔽线是否完好接地；检查变桨编码器是否振动过大，造成编码器本体损坏，无法正常采集信号；检测编码器信号回路是否正常，紧固回路接线，对损坏的编码器、线缆、控制器模块进行更换。

图 3-75　编码器插针脱落

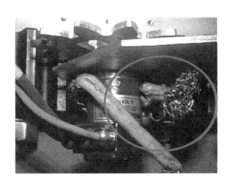

图 3-76　编码器损坏

3-11-5　电动变桨不同步

电动变桨不同步的主要原因有：变桨电机及控制回路故障、减速器损坏，编码器及控制回路故障，变桨中央控制器及回路故障。

电动变桨不同步处理方法：手动进行变桨测试，观察 3 只叶片变桨状态，若 3 只叶片都不能变桨，则检查变桨中央控制器及回路是否有故障，紧固接线，更换损坏的元件；

若 3 只叶片变桨角度不一致，则对变桨角度错误的叶片变桨电机、编码器、控制回路、限位开关进行检查，紧固端子排，对损坏的变桨电机、驱动器、编码器、线缆、控制器模块进行更换；若某一只叶片不变桨，则检查变桨电机是否损坏，紧固端子接线，检查回路保险，对损坏的电机、驱动器、控制器模块进行更换。

图 3-77　24V 电源保险烧损

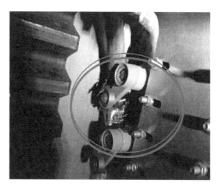

图 3-78　限位开关被异物激活

3-11-6　液压变桨不同步

液压变桨不同步的主要原因有：变桨位置传感器损坏，比例阀损坏，传感器控制回路故障，比例阀控制回路故障。

液压变桨不同步处理方法：手动进行变桨测试，观察 3 只叶片是否能够变桨，如果 3 只叶片都不能变桨，检查变桨控制回路是否正常，紧固接线，更换损坏控制器模块；如果 3 只叶片变桨位置不一致，检查或调节变桨位置传感器；检查比例阀是否损坏，检查比例阀控制回路是否正常。

图 3-79　比例阀损坏

3-11-7　变桨电机温度高

变桨电机温度高的主要原因有：变桨电机、减速器损坏，齿间异物，通风电机及其控制回路故障，温度传感器及其控制回路故障。

变桨电机温度高处理方法：在控制面板查看变桨电机温度参数，使用红外线测温仪测量变桨电机温度值。如果数值一致，检查变桨轴承是否正常，变桨电机、减速器运行声音是否正常，检查通风电机是否损坏，紧固接线，对损坏的通风电机、接触器、线缆、控制器模块进行更换；如果数值不一致，检查温度测量回路是否异常，紧固接线，对损坏的传感器、线缆、控制器模块进

图 3-80　控制器模块损坏

行更换。

3-11-8 变桨通信故障

变桨通信故障的主要原因有：轮毂无电源、滑环损坏、轮毂通信模块损坏、主控通信模块损坏。

变桨通信故障处理方法：查看机组后台数据是否规律性的失去通信，如有则主要检查滑环等旋转接触设备；检查轮毂控制器电源、断路器是否正常；检查滑环是否损坏；检查轮毂通信模块是否损坏；检查通信接头是否松动，线缆是否损坏；检查主控通信模块是否损坏。

图 3-81　规律性地失去通信

3-11-9 滑环故障

滑环故障的主要原因有：原始设计缺陷或后期维护不到位，滑环密封性能不足导致轴承进入橡胶粉末卡死轴承；滑道污染严重导致信号闪断。

滑环故障处理方法：针对滑环密封性能不够，导致通心轴内部粉尘大量进入滑环内部，可以在通心轴 PVC 管处增加一级密封，保证污染物被有效隔离，这样可以避免滑环轴承及导电环道和电刷污染。针对轴承出厂未进行润滑问题，将 1～2 台机组该型号滑环使用备件进行替换，对替换下来的滑环进行整体维护，对轴承清洗并使用油脂润滑，然后再进行更换并交替维护，这样既不影响机组的运行，维护也可以正常进行。针对定期维护不到位问题，应坚持每半年左右对滑环进行检查，检查时要对滑环导电环道进行检查，并视情况决定是否维护；清洗时严禁使用油基清洗剂以防对环道和电刷腐蚀；清洗期间禁止拆卸电路板，清洗完使用热风枪烘干，对每个导电环道滴入一滴润滑油。对于损坏严重的滑环，应及时进行更换。

图 3-82　滑环滑道、滑针损坏

第四章

风电控制系统分析

第一节

综述

风电控制系统包括现场风力发电机组控制系统、高速环形冗余光纤以太网、远程上位机操作员站等部分。风力发电机组控制单元是每台风机的控制核心，分散布置在机组的塔筒和机舱内，实现机组的参数监视、自动发电控制和设备保护等功能；每台风力发电机组配有就地人机接口以实现就地操作、调试和维护机组；高速环形冗余光纤以太网是系统的数据高速公路，将机组的实时数据送至上位机界面；上位机操作员站是风电场的运行监视核心，并具备完善的机组状态监视、参数报警，实时/历史数据的记录显示等功能，操作员在控制室内实现对风场所有机组的运行监视及操作。

在数据监测方面，控制系统主要监测以下内容：

（1）电气参数：电网三相电压、发电机输出三相电流、电网频率及发电机功率因数、后备电源电压等。

（2）气象参数：风速、风向、气温和气压等。

（3）机组状态参数：转速（发电机、风轮）、温度（发电机、控制器、轴承、齿轮箱油温、水冷系统温度等）、电缆扭转、机械刹车状况、机舱振动、油位（润滑油位、液压系统油位）、压力（液压系统压力、水冷系统压力）等。

（4）反馈信号：机械刹车、偏航制动、断路器状态、变桨限位开关状态、振动开关反馈、扭缆开关反馈等。

在人机界面及数据处理方面，控制系统提供以下功能：

（1）数据采集功能：采集风电场风机运行状态数据并送至 PLC，数据可由 PLC 集成的各功能模块直接采集，也可经专用传感器或模块采集后以 CAN 总线、485 通信接口等标准通信格式转发给 PLC。

（2）数据传输功能：将采集的风电场数据实时传输到监控中心。

（3）数据存储功能：对风电场数据进行存储，为了减少数据量，需要对历史数据进行压缩处理后再存储。

（4）数据监测功能：提供系统终端所需要的监测界面与分析计算手段，以及故障报警机制，包括监控中心内部终端人机接口，实现风力发电机组状态的实时监测。

（5）数据分析功能：提供风力发电机组数据的分析手段，包括风力发电机组数据统计、报表、预测分析、性能评估等。

（6）人机界面操作功能：提供远程启动设备、停止设备、复位设备和标定设备的手段。

控制功能是风力发电机组控制系统的核心任务，合理的控制逻辑能保证风力发电机组的发电量最大化的同时有效地抑制风机的振动、减小载荷、使风力发电机组平稳、有效运行。控制功能主要包含以下内容：

（1）风机控制系统的主要控制流程分为：启动阶段、并网控制、低于额定风速下最大风能捕获控制、额定功率控制。风电机组控制系统主要被调量包括转速、转矩、桨距角、功率，风速为控制系统不可控参数。风速和转速是可以通过传感器测量的变量，转矩和桨距角是控制手段，转速和功率是最终的控制目标。下面以双馈异步发电机组为例进行说明。双馈异步发电机风力发电系统简化结构图如图 4-1。系统有两路断路器，分别为定子回路中的断路器 SW1 和转子回路中的断路器 SW2。

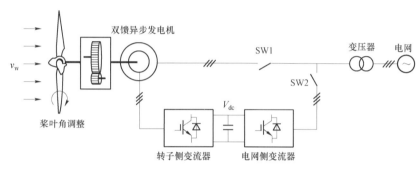

图 4-1　双馈异步发电机发电系统简化结构图

1）启动阶段：当风速低于切入风速时，断路器 SW1 和 SW2 处于断开状态，定子回路和转子回路都和电网断开，风力发电机组叶片完全顺桨，无风能捕获，风力发电机组不产生力矩，系统处于停机状态。当风速达到起动风速时，风机进行偏航对风，机舱与风向间的夹角小于设定值以后，停止偏航，偏航刹车动作。系统进入自检程序，自检完成后，高速轴刹车释放。风力发电机组叶片节距转到一个合适的角度来获得最大启动转矩。这时叶轮带动齿轮箱和发电机转动，变流器并不投入工作，机组处于克服摩擦力的加速运行状态。

2）并网控制：当风机转速达同步转速的 70% 以上时，转子电路中断路器 SW2 闭合，变流器供电，在转子上加入励磁电压，发电机定子端产生空载电压。此时机组控制系统转矩给定值为零，机组尚未并网。机组增加转速过程中，定子电压和频率由转子侧变流器控制。当转速增加到于当前风速对应转速时，网测变频器开始调制，使定子电压、频率和相位角需进行相应控制并达到并网条件，断路器 SW1 闭合，双馈异步发电机组并网发电。

3）双馈异步发电机组并网后，实时风速未达到额定风速时，风力发电机组处于额定功率以下工作状态，风电机组通过调节系统捕获最大风能。通过变流器调节转子励磁电流实现转速控制，随着风速的变化，叶尖速比以最快的速度达到最佳值，进入最大风能追踪区域。

4）风速持续增大到额定风速以后，控制系统会进入恒功率控制阶段。可以分为两步实现。

阵风吸收：当发电机达到额定功率以后，风速还在增大，如果此时转速变化趋势很大，控制系统允许发电机在超过额定转速的一定范围下运行，并通过一定条件来判断是不是阵风（比如在 1.1 倍额定转速下运行是否超过 30s），转速越大允许的运行时间越短。主控制器发给变流器减小电磁转矩的指令，变流器减小转子的励磁电流，这样在增大转子（风轮）转速后，发电机发出的总功率始终为额定功率，阵风风能就以动能的形式储存在风轮中，在风能减小后释放至发电机。启动过程中动态调节叶轮的桨距角，而在发电状态下会保持在最佳值。

变桨控制：实时风速高于额定风速时，动态调节桨距角，保持发动机发出的总功率为额定功率。在变桨后风力发电机组吸收风能转矩下降，主控器调高电磁转矩至额定值，控制风轮机转速下降至额定转速附近，从而达到恒功率运行的目的。当风速超过它的切出风速时，风力发电机组叶片会完全顺桨，风力发电机组不再输出功率。

（2）直驱式风力发电机组相比双馈式发电机组结构简单，无转子变流器控制部分，但定子由原先的接触器直接并网变成由全功率变流器并网。控制系统分为并网控制和功率控制，由于永磁同步发电机组的特性，风机无功控制更加灵活，控制系统还需对无功进行调整和控制。

1）并网控制：为保证直驱式风力发电机组并网过程对电网无冲击，并网瞬间发电机与电网电压、频率、相序必须一致。通过控制器采集电网电压、频率、相序等参数，然后与逆变器输出电压等参数相比较，当满足并网条件时进行并网。此种并网方式在并网瞬间不会产生冲击电流，也不会引起电网电压下降，不会引起发电机定子绕组及其他机械部件损坏。

2）功率调节：直驱式风力发电机组并网后，要增加输出电功率，就必须增加来自风力发电机组的机械功率输入。而随着输出功率的增加，当励磁不做调节时，电机的功率角就必然增大。从同步发电机的功角特性可知，当功率角为 90° 时，输出功率达到最大值。此时的功率也叫作失步功率，因为在达到这个功率后，若风轮输入的机械功率继续增加，则功率角将超过 90°，电机输出功率下降，无法建立新的平衡，电机转速将持续上升而失去同步，同步发电机不能再稳定运行。

在风力发电机组已处于额定功率工况下，如果风速突升，有可能导致风力发电机组输出功率超过发电机的极限功率而失步。所以必须设计反应迅速的控制系统或选择过载倍数较大的电机，避免风力发电机组出现失步。

3）无功控制：直驱式风力发电机组无功控制方式包括恒功率因数控制和恒电压控制两种方式。

恒电压控制方式下，永磁直驱风力发电机组可以吸收或发出无功，以维持机端电压恒定。在风力发电机组可调范围之内，无功功率调节范围主要受逆变器最大电流限制。

恒功率因数控制方式下，因为发电机由永磁体提供恒定励磁，在发电机和整流器之间没有无功功率交换，所以要通过控制电网侧逆变器的电流，在 d、q（为方便控制电机而设计的数学模型坐标系，其中转子磁场方向为轴，垂直于转子磁场方向为 q 轴）轴的分量来控制逆变器与电网之间交换的有功功率 P 和无功功率 Q，从而满足功率因数调节要求。

第二节

安全链主要功能

安全链按照"失效—保护"模式设计，是独立于 PLC 控制系统的风机紧急停机系统，由一系列继电器触点串联组成，包括急停按钮、扭缆、超速、振动、看门狗等要素，在正常情况下形成闭环通路，当任意一个触点断开时，安全链被触发，风机紧急停机。

正常工况时，风力发电机组的控制系统完成风机的监视、启动、调节、停机等操作，包括遇到狂风、电网掉电以及控制器能检测到的大部分故障。安全链作为独立于控制器的保护回路，在出现紧急情况或控制器故障时，保护机组安全停机，将风机转换到安全状态。也可以通过按下急停按钮触发安全链动作。当机组安全链触发后，应查明原因消除故障并确认无误后，才允许重新起动风力发电机组。

第三节

安全链传感器

扭缆开关：扭缆开关安装在机舱的偏航扭缆计数器（凸轮计数器）中。偏航扭缆计数器通过与偏航齿盘的齿轮啮合，不仅可测量机组的偏航角度，其内部还挂载有凸轮微动开关。凸轮与微动触点之间的距离，对应机组的电缆扭曲程度，凸轮触动微动开关时安全链被触发。当控制系统扭缆保护（软件保护）未起到作用时，串接到安全链中的扭缆计数器微动开关就成为了机组偏航系统中的最后一道安全保护。

图 4-2　扭缆开关现场安装图

振动传感器：振动传感器用于捕获风力发电机组三维方向上的任何振动并加以分析，具备位移、速度及加速度测量功能，一般安装在风力发电机组传动轴侧方。

振动开关：振动开关用于监测风力发电机组机舱的振动摆幅，也是振动的最后一道保护，其开关触点被串接在机组的安全链回路里。振动开关由一个安装在微动开关上的摆针及重锤组成，摆针向上或向下安装。重锤按照机组摆动幅度的保护定值被固定在摆针的合适位置上。当机组因振动出现较大幅度的摆动时，摆锤带动摆针晃动，使微动开关动作引起机组的紧急停机。机组重新启动前，摆锤必须回到竖直位置。

图 4-3　振动传感器　　　　　　　　图 4-4　摆锤式振动开关

急停按钮：当发生紧急情况的时，可以按下急停按钮，停止风机运行。

图 4-5　急停按钮

超速模块：接近开关式转速传感器测量主轴及发电机转速。在超速模块中设置转速定值，当机组转速达到设置定值时，安全链被激活引起机组紧急停机。超速模块是机组超速保护的最后一道安全保护，超速保护拒动将可能造成风力发电机组超速飞车，引起叶片折断甚至风机倒塔。

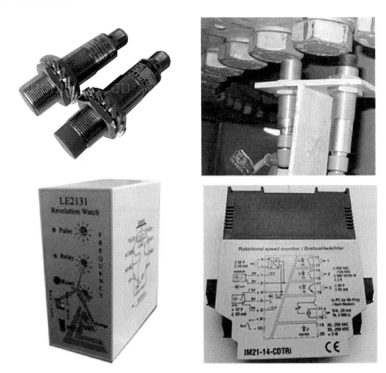

图4-6 转速传感器及超速模块

第四节

控制系统保护失效可能引发的后果

风力发电机组在保护功能失效的情况下，很有可能引发重大事故。按照国家标准，风力发电机组内部电气系统、机械系统及支撑结构均应按照20年寿命进行设计，并从载荷和安全角度出发，考虑50年一遇的极端工况。但风力发电机组在设计时载荷局部安全系数至多取 1.35，对于控制系统保护功能失效情况下，风机内部设备安全裕度完全无法支撑长时间的异常运行工况，若不能及时顺桨停机，即使很小的风速也可能导致风力发电机组发生着火、倒塔等毁灭性事故。

4-4-1 风机着火事故

风力发电机组发生火灾事故，一方面是由于内部可燃材料被偶然引燃或人为原因造成，但控制系统的缺陷也是引发风机火灾或造成火灾蔓延的重要原因。如电气设备保护设置错误或功能失效、机械刹车在高于设计工况时动作或未能释放、润滑油未设置油位监测保护、火灾报警或自动灭火装置失灵等。图4-7为近年来国内外风力发电机组着火事故现场照片。

图 4-7　国内外风力发电机组着火事故现场照片（一）

图 4-7　国内外风力发电机组着火事故现场照片（二）

图 4-7 国内外风力发电机组着火事故现场照片（三）

4-4-2 风机倒塔事故

风力发电机组发生倒塔事故，主要原因多为振动或转速超限，保护拒动或响应时间过长，造成传动轴或塔架载荷超限，风机失稳倒塌。除遇到飓风等超出风力发电机组设计能力因素外，这类事故一般是当遇到螺栓力矩松脱、叶轮遇严重湍流或电网突然失电等情况下，因保护系统存在隐患，导致保护功能不全或失效，保护未能及时动作，造成风力发电机组最终倒塔。少数情况下，风机基础、塔架焊缝及塔筒法兰出现问题也可能造成风力发电机组倒塔事故。图 4-8 为近年来国内外风力发电机组倒塔事故现场照片。

图 4-8 国内外风力发电机组倒塔事故现场照片（一）

图 4-8　国内外风力发电机组倒塔事故现场照片（二）

图 4-8 国内外风力发电机组倒塔事故现场照片（三）

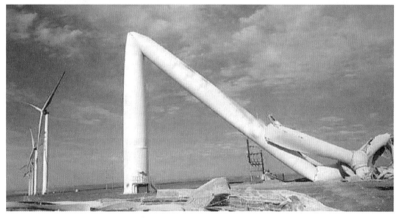

图 4-8　国内外风力发电机组倒塔事故现场照片（四）

4-4-3　风机叶片折断或叶轮脱落事故

风力发电机组单只叶片折断事故，常见原因为叶片制造缺陷或雷击；但多只叶片同时折断一般为风力发电机组超速造成。在转速超过额定转速后，叶片上承受的载荷迅速增加，若控制系统不能及时顺桨停机，过高的载荷将使叶片迅速折断。叶轮脱落则多由螺栓松脱及主轴承损坏造成。但无论是风力发电机组内部任何一个设备首先发生失效，其故障先兆应能被控制系统发现并及时告警或停机，防止风机故障进一步扩大；风力发电机组的停机响应时间也足够使风机安全停止。风机监控人员的业务素质、控制系统报警算法的优劣以及保护功能的完善程度，最终决定了风力发电机组的隐患能否酿成一起无法挽回的重大事故。2018 年 3 月 8 日，在德国北莱茵-威斯特伐利亚州帕德博恩附近，某公司的一台风机叶片断裂，明显为叶片未收回引发风机超速所致。该风机额定功率 3MW，风轮直径 115m，轮毂高度为 149m。如此高参数的新机组发生超速，说明在风力机组不断向容量更大、高度更高、叶片更长的方向探索时，设备和材料的安全裕量也在一次次经受着挑战，机组的安全性应更加得到重视。

图 4-9 为近年来国内外风力发电机组叶片及叶轮事故现场照片。

图 4-9　国内外风力发电机组叶片及叶轮事故现场照片（一）

图 4-9 国内外风力发电机组叶片及叶轮事故现场照片（二）

第五节

典型安全链设计及分析

4-5-1 华锐风电安全链设计及分析

以华锐风电 1.5MW 风力发电机组为例，安全链主回路如图 4-10 所示。图中中心部位 PNOZ1 元件为安全链出口继电器（图 4-11）。此例制造厂选择 PILZ 公司生产的 PNOZ 系列安全继电器。安全继电器是由数个继电器与电路组合而成，所谓"安全继电器"并不是"没有故障的继电器"，而是发生故障时做出有规则的动作，它具有强制导向接点结构，万一发生接点熔结现象时也能确保安全。

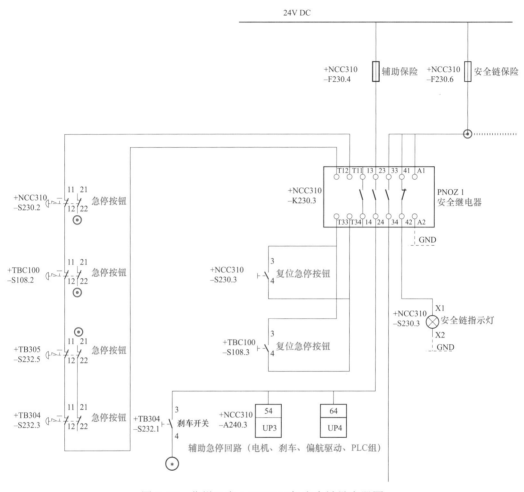

图 4–10　华锐风电 1.5MW 风机安全链继电器图

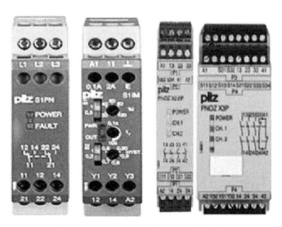

图 4–11　PNOZ 系列安全继电器

　　继电器 A1 和 A2 为电源端子，A1 接 24V+；A2 接 0V。在控制输入电路中，正常使用时，需要在 T11 和 T12 之间接入所需要的开关条件。在复位电路中，T33 和 T34 之间需要接入相应的复位条件。华锐机组在 T11 和 T12 间分别串入机舱及塔筒底部急停按钮的常闭节点；T33 和 T34 间并联机舱及塔筒底部安全链复位按钮；23 和 24、33 和 34 两对常开节点为安全继电器输出节点；41 和 42 常闭节点带安全链指示灯，用于显示安全链动作状态。若需要安全继电器吸合（即 24、34 输出节点有电），除保证 A1、A2 电源带电外，需要满足 T11、T12 节点持续接通且 T33、T34 复位成功。当急停按钮被按下，T11、T12 节点断开后，安全继电器输出节点 24 及 34 失电，42 节点所带安全链信号灯亮起。24 节点失电后图 4-12 中 K154.4 继电器失电，液压泵接触器断开，禁止液压泵打压。

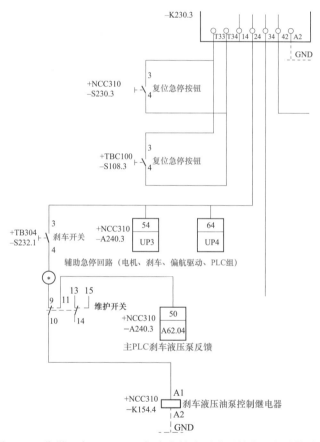

图 4-12　华锐风电 1.5MW 风机安全链液压油泵继电器部分接线图

　　安全链 34 节点失电后分为两个支路。一条支路控制叶片收桨（图 4-13）：回路串接发电机超速、振动超限、叶轮超速、看门狗信号、叶片开桨位置（当叶片开桨超过预定工作位置时动作）、变桨驱动状态（变桨驱动异常后动作）、安全链复位等节点，最后接入叶片变桨驱动装置及变桨刹车继电器，实现安全链动作后叶片紧急收桨功能；34 节点后另一条支路（图 4-14）控制高速轴刹车：回路串接轮毂超速、叶片通信状态、维护开关等节点，最后连接高速轴液压刹车电磁阀，实现安全链动作后高速轴刹车动作。

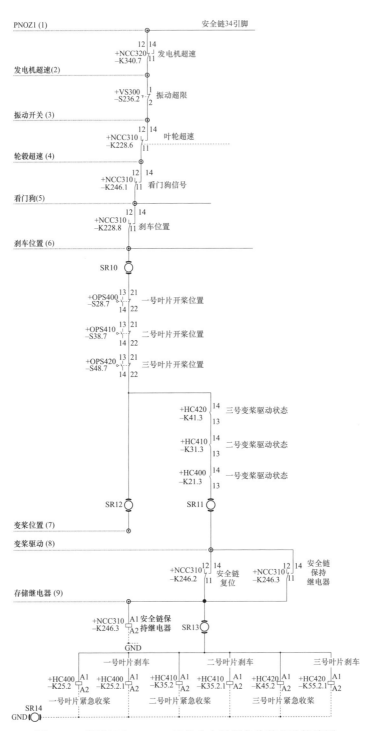

图 4-13　华锐风电 1.5MW 风机安全链紧急收桨部分接线图

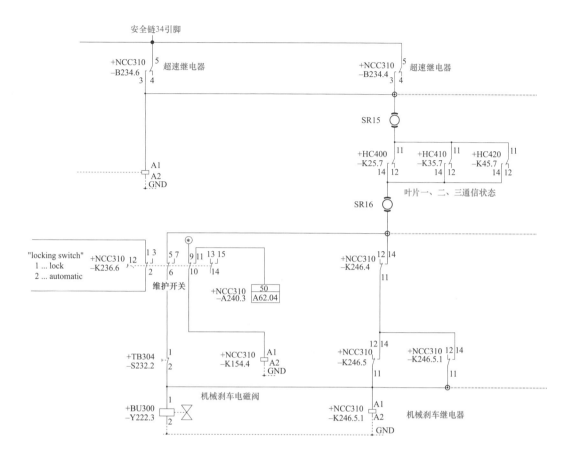

图4-14 华锐风电1.5MW风机安全链高速轴刹车部分接线图

具体逻辑可归纳如下：① 急停按钮按下，安全继电器动作、液压油泵失电、高速轴刹车电磁阀失电刹车动作、3 个叶片紧急收桨；② 当满足如下任一条件：发电机超速、振动开关动作、看门狗触发、刹车位置异常、任一叶片达到顺桨极限位置、任一变桨安全链动作时，3 个叶片紧急收桨，机械刹车不动作；③ 发生两个轮毂超速检测装置同时动作时，高速轴刹车电磁阀失电刹车动作、3 个叶片紧急收桨；④ 发生 3 个变桨安全链同时触发时，高速轴刹车电磁阀失电刹车动作、3 个叶片紧急收桨。

4-5-2 湘电风能安全链设计及分析

湘电风能风力发电机组安全链设计较为独特，许多回路要依附控制系统才能实现保护功能，以湘电风能 2MW 永磁直驱直流变桨型风力发电机组为例。在塔基部分，急停按钮控制风机 400V 供电及部分 24V 供电，当急停按钮触发后切断上述回路电源，辅助接点接入 PLC，PLC 根据节点状态执行停机操作。在机舱部分，急停按钮通过硬接线连至塔基急停按钮回路,触发后执行相同操作;对于扭缆保护、振动保护等重要保护,湘电风能风机将测点接入控制系统 PLC 中,由 PLC 根据节点状态执行停机操作,由于直驱风机发电机转速即叶轮转速,风机机舱内未设置超速保护。

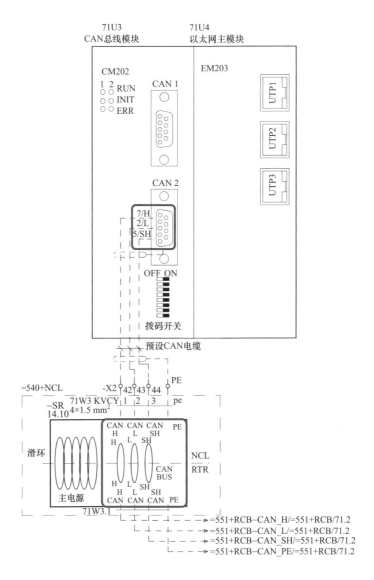

图 4-15 湘电风能 2MW 风机滑环通信接线图

机舱与轮毂之间通过 CAN 通信传输信息,如图 4-15 所示,CAN 信号线的高电平、低电平及屏蔽线经滑环送至轮毂。在轮毂部分,安全链的设计一方面要监测机舱送来的通信信号,发现异常时及时执行停机操作;另一方面需要通过设置在滑环上的转速传感器检测轮毂转速,发现叶轮超速时执行急停操作。

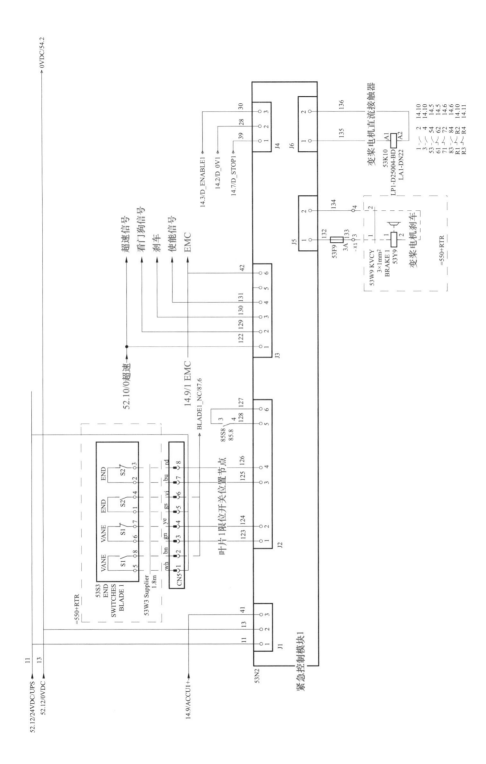

图 4-16 湘电风能2MW风机紧急模块接线图

轮毂安全链被设计在紧急模块功能中，以一号叶片（图 4-16）为例，紧急模块 53N2 负责监视一号叶片限位开关位置、轮毂超速传感器 T401 送来的超速信号及轮毂 PLC 发出的看门狗信号并进行逻辑判断，如发现风机超速或看门狗信号失去，立即执行紧急收桨操作，接通直流接触器 53K10 并释放变桨刹车 53Y9，使用后备蓄电池对直流变桨电机供电，进行紧急收桨，叶片归位到顺桨位置触发限位开关后，紧急模块结束紧急收桨操作。

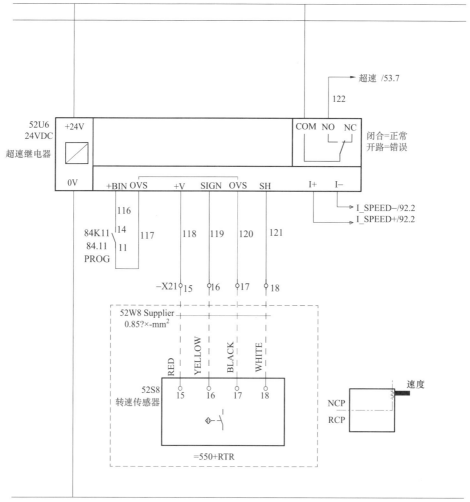

图 4-17　湘电风能 2MW 风机超速继电器实物及接线图

湘电风能风机超速继电器使用 JAQUET 公司生产的 T401 型模块。图 4–17 中，52U6 即为 T401 超速继电器，下方虚框中 52S8 为测速探头，测量脉冲数据经+V、SIGN、OVS 信号线送至 T401 模块。模块由脉冲信号计算出轮毂转速，由 I+、I–线送至 PLC 供控制系统使用。当 T401 监测到转速超过设定值时，NO 出口断开，线号 122 的超速信号失电，紧急模块执行紧急收桨。除正常使用功能外，T401 模块还有超速保护测试功能。当操作人员在 HMI 界面点击硬件超速保护功能测试按钮时，PLC 输出信号 84K11 导通，使 T401 的+BIN 与 OVS 接通，T401 模块自动使用内部超速保护低数值定值（一般为 5r/min）进行转速判断，若当前轮毂转速高于 5r/min，则 T401 的 NO 出口断开，风力发电机组超速保护动作停机。

看门狗信号的使用是湘电风能风机的重要特点，看门狗是 PLC 发出的具有特定特征的脉冲信号，紧急模块的定时器监测功能可持续监测看门狗脉冲信号，一旦连续 5 个周期（1.5s）脉冲信号丢失，或者发生硬件超速，紧急模块将控制接触器直接将变桨电机和后备电池连接，进行紧急收桨，使风机叶片能够收桨到限位开关位置。一般在如下情况下都会造成看门信号异常：① PLC 程序进入死循环，或者没有反应，包括 PLC 重新启动；② 变桨伺服系统出现故障，包括角度位置编码器故障、驱动器故障或者叶片位置偏差过大（风机处于发电状态）以及变桨超时；③ 电网掉电；④ 急停按钮按下；⑤ 独立超速保护继电器检测到超速；⑥ PLC 远程 I/O 输出故意撤销看门狗信号，比如紧急变桨定时测试。

湘电风能直流变桨机组保护系统的设置虽实现了各项保护功能，但过于依靠 PLC 控制系统，若控制系统中振动保护、扭缆保护等回路出错，将无法实现失效—安全原则的保护功能，且机舱至轮毂保护无硬接线回路，建议有条件的风力发电场进行安全性提升改造。

4-5-3　金风科技安全链设计及分析

以金风科技 1.5MW 永磁直驱交流变桨风力发电机组为例，其典型设计如图 4–18 所示，将紧急停机按钮（塔底主控制柜）、发电机过速模块 1 和 2、扭缆开关、变桨系统异常信号、紧急停机按钮（机舱控制柜）、振动开关、PLC 急停信号接入风机安全链。一旦

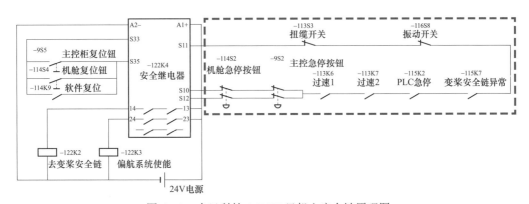

图 4–18　金风科技 1.5MW 风机主安全链原理图

其中任一节点动作，将引起安全链回路断电，机组进入紧急停机过程，并使主控系统和变流器处于闭锁状态。如果故障节点得不到恢复，整个机组的正常运行操作都不能实现。同时，安全链也是整个机组的最后一道保护，其定值高于软件保护定值，使机组更加安全可靠。

金风风机除机舱内设置的安全链之外，为了提高变桨系统可靠性，在轮毂中还设置了独立于控制系统之外的轮毂安全链，如图4-19所示。变桨系统的异常可触发变桨安全链115K7并使机舱主安全链动作，而主控系统的安全链动作会触发每个变桨柜中的K7继电器来实现紧急收桨。变桨安全链与主控安全链相互独立而又相互影响。当主控系统安全链上的一个节点动作断开时，安全链到变桨系统的继电器112K2线圈失电，其常开触点断开，每个变桨柜中的K7继电器线圈失电，变桨系统进入紧急停机模式，迅速向90°顺桨。当变桨系统出现故障（如变桨变频器OK信号丢失、90°限位开关动作等）时，变桨系统切断K4继电器上的电源，K4继电器常开触点断开，使来自变桨内部安全链的继电器115K7线圈失电，造成主控系统的整个安全链也断开。同时，安全链到变桨的继电器112K2线圈失电触点断开，每个变桨柜中的K7继电器失电，变桨系统中没有出现故障的叶片控制系统进入到紧急停机模式，迅速向90°顺桨。这样的设计能最大限度对机组起到保护作用。而在实际的接线上，安全链上的各个节点并不是真正串联在一起，而是通过安全链模块中"与门"关系联系在一起。逻辑上的输出实际上是通过安全链的输出模块来控制的，分别控制112K2和122K3继电器，从而实现紧急状态下对变桨装置和偏航系统的控制。金风科技风力发电机组安全链逻辑可归纳如下：① 机舱急停按钮、主控急停按钮、发电机超速模块1、发电机超速模块2、PLC急停、变桨系统异常、扭缆保护、振动保护中任一节点动作，总安全链继电器动作，至变桨系统安全链动作，变桨系统执行紧急收桨，偏航系统使能信号动作，禁止偏航电机动作；② 任一叶片发生异常则变桨内部安全链动作，并送至总安全链继电器，总安全链触发变桨继电器，未发生异常的其余两叶片执行紧急收桨；③ 当系统安全链

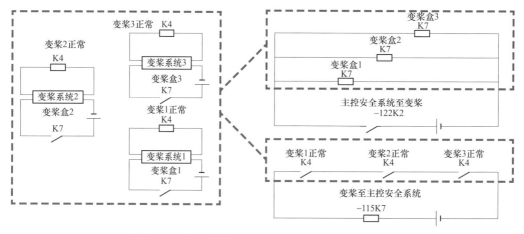

图4-19　金风科技1.5MW风机变桨安全链原理图

176

动作节点复位后，需按下主控柜复位按钮、机舱复位按钮或进行软件复位，系统安全链才能复归，风机方可启动。

在安全链的硬件回路中，金风科技 1.5MW 风机并不是将所有节点进行物理串联，而是全部接入模块，再对模块进行逻辑编程来实现预设功能。金风科技使用 BECKHOFF 公司提供的模块化控制元件。安全链逻辑总线端子使用控制器 KL6904，KL6904 能够执行编程化的安全功能，这些安全功能可根据需要进行组态，所有功能块可自由连接并可进行"与"、"或"等逻辑计算。所以，采用此方案的风力发电机组安全链系统可进行软件自由设计，在风机调试及软件升级后应加强安全链系统测试工作，确保每个节点逻辑正确、动作正常方可将风机投入运行。

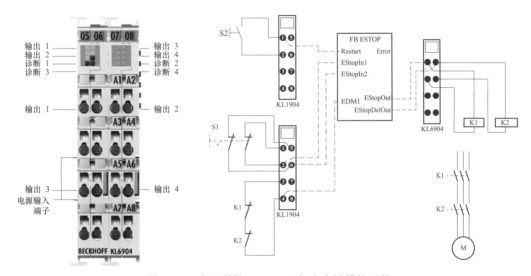

图 4-20　金风科技 1.5MW 风机安全链模块元件

4-5-4　维斯塔斯安全链设计及分析

以维斯塔斯双馈异步液压变桨风力发电机组为例，其安全链系统被称为紧急停机回路。紧急停机回路动作后，会控制液压系统对桨叶进行紧急顺桨，同时根据故障类型选择性的投入高速轴刹车制动。

在维斯塔斯 V52 等早期液压式变桨距机型中，叶片的桨距角靠轮毂内同步盘的行程控制，通过一套曲柄连杆装置带动 3 片桨叶旋转，3 个叶片保持相同角度。紧急顺桨时首先停止液压泵并断开液压站各电磁阀门，使蓄能器中的液压油通过储能管传递到变桨缸中，使变桨液压缸内推动杆回缩，其轮毂侧连接的同步盘相应收回，在叶片根部连杆的带动下，实现叶片 90° 顺桨，如图 4-21 所示。

而在维斯塔斯 V80/V90 等大容量风力发电机组中，独立液压变桨执行机构取代了曲柄连杆机构，液压油通过液压滑环进入轮毂，轮毂控制器根据主控指令驱动伺服比例阀使油缸活塞杆达到指定位置，偏心块将液压缸活塞杆的直线运动转变成使桨叶旋转的圆

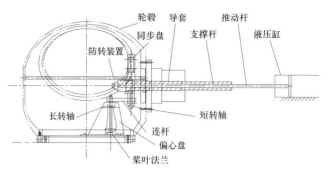

图 4-21　维斯塔斯 V52 风力发电机组变浆原理简图

周运动，从而实现对桨距角的控制。这种方案每个桨叶都有单独的伺服系统，一个桨叶出现故障时其他两只仍能正常工作，增加了系统的安全性。在紧急顺桨时，轮毂控制器可由通讯或外部 24V 信号判断系统状态，若探测到紧急情况，将直接断开全顺桨阀门，实现叶片快速顺桨至 90° 位置。

在紧急停机回路中，维斯塔斯风机串接有：机舱顶部处理器、维斯塔斯超速保护装置、刹车片里的热敏电阻及手动停机按钮回路（图 4-22）。机舱顶部处理器负责对 PLC 发出信号进行监测；维斯塔斯超速保护装置（图 4-23）负责监测轮毂转速，当发生超速时断开；刹车片里的热敏电阻（图 4-23）用于监测刹车盘温度，当温度过高时自动执行紧急停机，避免刹车盘过热起火；手动急停按钮回路包含地面控制柜急停按钮、机舱控制柜急停按钮、主轴承急停按钮及偏航板急停按钮（图 4-24）。当紧急停机回路断开时系统将切断偏航电机、液压油泵、机舱风扇、发电机冷却风扇、发电机滑环室风扇、发电机并网接触器、齿轮箱油泵、齿轮箱加热器、变频器水冷泵、变频器冷却风扇，使变桨系统紧急顺桨。在手动急停按钮被按下时，高速轴刹车还将动作。

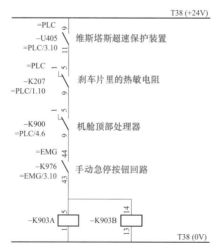

图 4-22　维斯塔斯 V80/V90 风力发电机组急停回路接线图

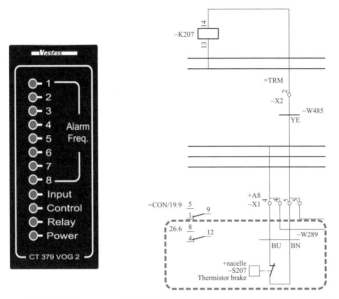

图 4-23　维斯塔斯 V80/V90 风力发电机组超速保护及刹车片热敏电阻接线

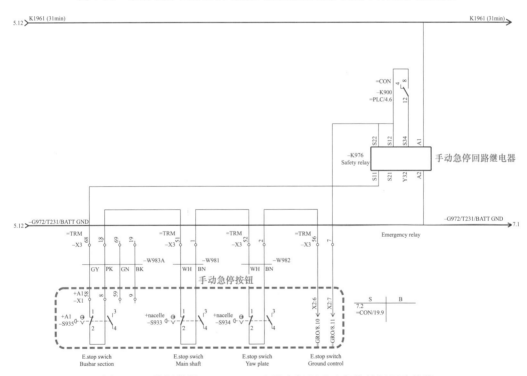

图 4-24　维斯塔斯 V80/V90 风力发电机组手动急停按钮回路接线

维斯塔斯风机液压变桨系统技术较为成熟，急停回路的电路设计也较一般电动变桨距风机有所不同。尤其是刹车片过热保护的接入，使风机因刹车片摩擦不当引发火灾的风险大大降低。但安全链中未能接入扭缆保护及振动保护，仍靠 PLC 实现上述保护功能，其长周期运行可靠性还值得继续探讨。

风电场设备隐患及缺陷处理

4-5-5 东方电气安全链设计及分析

以东方电气 FD70/77 型 1.5MW 交流变桨双馈风力发电机组为例。其安全链回路主要接入急停按钮及部分开关量保护，急停按钮部分（图 4-25）主要由风机主控柜急停按钮、塔基急停按钮及机舱急停按钮组成，急停按钮触发后安全链动作，继电器 K11.1 动作。风机执行紧急顺桨，投入偏航刹车，断开偏航电机、发电机冷却风扇、齿轮箱油泵、齿轮箱风扇、齿轮箱加热、液压站油泵电源，高速轴机械刹车延时动作。继电器 K11.1 失电后风机控制面板上手动偏航按钮回路断电，风机舱内手动顺时针、逆时针偏航操作将失效（图 4-26）。

急停按钮之后部分，主要串接有叶片维护开关、扭缆极限位置、振动开关、低速轴超速、高速轴超速和风机开门狗信号（图 4-27）。任一节点断开后风机执行紧急顺桨，投入偏航刹车，断开偏航电机、发电机冷却风扇、齿轮箱油泵、齿轮箱风扇、齿轮箱加热、液压站油泵电源，高速轴机械刹车延时动作。但由于继电器 K11.1 未失电，风机舱内可进行手动顺时针、逆时针偏航操作。

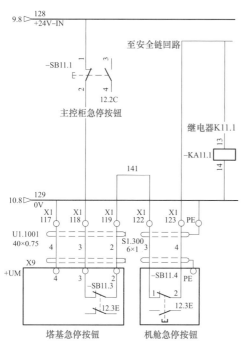

图 4-25　东方电气 FD77 型风力发电机组手动急停按钮回路接线

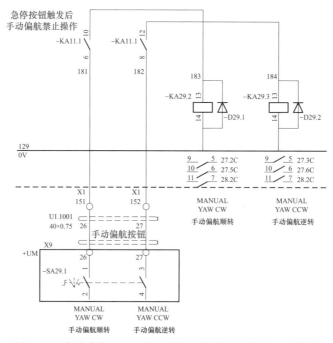

图 4-26　东方电气 FD77 型风力发电机组手动偏航回路接线

180

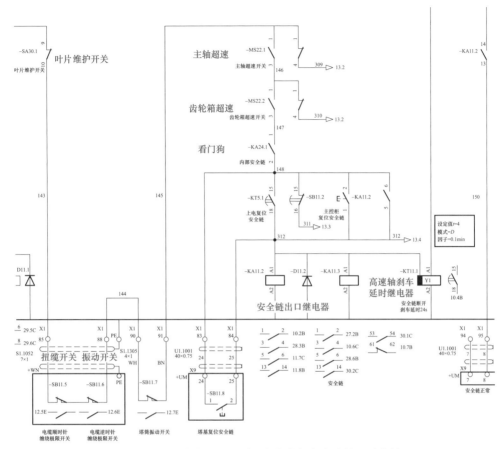

图 4-27　东方电气 FD77 型风力发电机组安全链回路接线

由于东方电气机组安全链与手动偏航按钮存在上述关系，风机在扭缆极限位置触发后维护人员可在机舱内手动进行偏航复归，无需对安全链回路进行节点跨接工作。且在风机调试期内轮毂调试与机舱偏航调试可同步进行，节省时间提高了效率。但在手动按钮方式操作偏航系统运行时应特别注意，由于扭缆系统在此方式下无保护运行，有可能在人员大意情况下将电缆过度扭转造成事故。

在安全链触发高速轴刹车逻辑方面，东方电气机组设计了延时继电器，当机组紧急停机时首先对叶片进行紧急顺桨，高速轴刹车经延时投入。这样可避免高负荷高转速情况下对齿轮箱齿面所带来的冲击。理论上高速轴刹车的延时段应为叶片顺桨传动轴转速降低到一定程度的时间，如果延时过短，较高的转速下刹车可能给齿轮箱齿面带来冲击；而在延时较长的情况下，一旦叶片收桨失败，风机转速将迅速升高，延时开始动作时较高的转速将使刹车力矩大大增加，此时刹车动作将无法正常停转，还有可能因刹车片高温磨损引发风机着火，或者刹车片摩擦系数下降后引发风机超速飞车。所以风力发电场应定期对安全链刹车延时继电器进行校验，或者进行安全性改造。

4-5-6 三一风机安全链设计及分析

以三一 SE 系列 2MW 交流变桨双馈式风力发电机组为例，SE 系列风力发电机组早期型号安全链采用各开关量节点串接出口继电器的形式，而后续改进型号使用欧姆龙 CP1E 系列小型 PLC 组成安全链，各开关量及转速信号接入 PLC 输入端，输出端控制风机紧急顺桨、负荷断电及机械刹车等形式。两种形式均设计多级安全链。

三一早期 SE7715、SE8720、SE9320 等风力发电机组一级安全链接入急停按钮回路，串接机舱急停按钮及塔筒底部急停按钮（图 4-28），安全链使用 PILZ 安全继电器。安全链触发后断开风机 690V 及 400V 设备供电总电源，并断开二级安全链；二级安全链接入风机并网接触器反馈信号、振动开关、并联主轴超速及齿轮箱高速端超速保护节点（图 4-29），安全链触发后断开三级安全链（变桨安全链）；三级安全链接入机舱手动停机按钮、塔底手动急停按钮、变桨系统异常信号（图 4-30），安全链触发后停止变频器运行并断开机舱偏航电机电源、液压油泵电机电源，投入偏航刹车，延时投入齿轮箱高速轴刹车，变桨系统执行紧急顺桨。

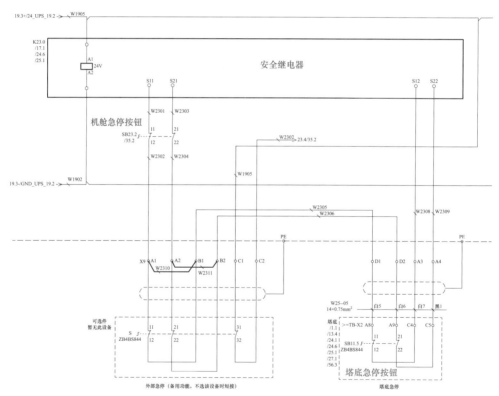

图 4-28 三一 SE 系列风力发电机组一级安全链回路接线

此设计中可能存在如下问题：① 超速保护需同时满足主轴和齿轮箱高速端超速条件才能触发，若任一节点出现问题，可能造成安全链保护拒动；② 扭缆保护未接入安全链中，若接触器接点粘连会造成偏航电机无法停转，可能造成风机电缆扭转损坏；③ 安全链中未接入主控看门狗节点，在控制系统死机或异常时不能及时触发紧急停机；④ 除一级安全链外其他安全链出口继电器均采用普通接触器，存在接点粘连保护拒动的风险。

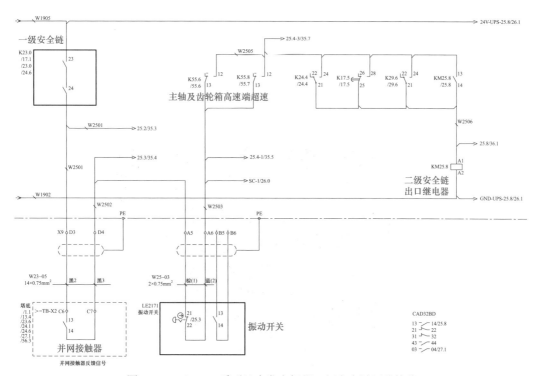

图 4-29　三一 SE 系列风力发电机组二级安全链回路接线

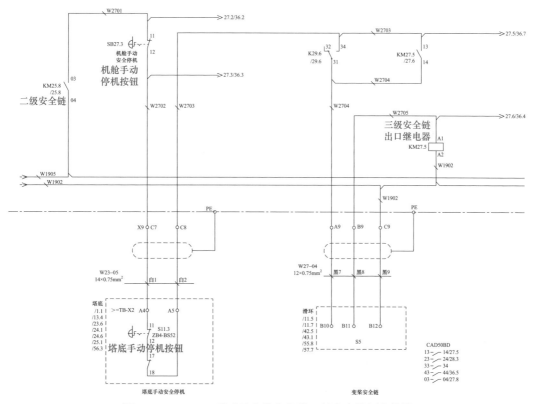

图 4-30　三一 SE 系列风力发电机组三级安全链回路接线

三一后期 SE11520 等机组在安全链设计上进行了变更，使用欧姆龙 CP1E 小型 PLC 集成了安全链功能（图 4-31）。安全链急停按钮部分接入机舱急停按钮及塔筒底部急停按钮节点（图 4-32），急停触发后断开风机 690V 及 400V 设备供电总电源，急停按钮接点也同时接入安全链继电器 A23.0（图 4-33），急停按下后安全链继电器动作。

图 4-31　三一 SE10520 系列风力发电机组安全链继电器

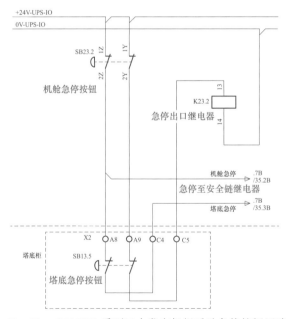

图 4-32　三一 SE10520 系列风力发电机组手动急停按钮回路接线

安全链继电器则将以往安全链回路及超速继电器的功能全部替代，各开关量不再串接而是接入 PLC 数字量输入节点，转速与看门狗脉冲信号也接入数字量输入节点中。PLC 通过程序判断各节点状态及转速与看门狗脉冲频率,当发现某个信号异常时及时断开安全链,使数字量输出节点变位。使用 PLC 作为安全链继电器的好处是使用更加方便灵活,可根据需要进行编程使安全链的触发加入更多判别依据,更好地适应现场要求。但也为现场校验安全链保护定值带来了一些困难,由于安全链继电器不提供人机界面,降低转速保护定值测试安全链的试验需要对 PLC 灌输专用试验程序才能进行。

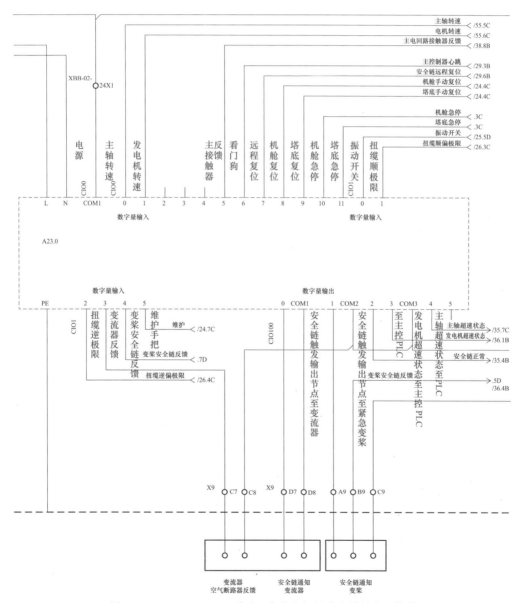

图 4-33 三一 SE10520 系列风力发电机组安全链继电器接线

第六节

典型事故（事件）案例分析

4-6-1 风机倒塔事件分析案例一

某风电场发生了风机倒塔事件，倒塔风机从第二节塔筒中间部位折断，机舱掉落压断集电线路，集电线路跳闸。倒塔前平均风速 7m/s，控制系统报紧急变桨测试失败、叶片 1、2、3 速度低、紧急变桨系统超时、主变频器故障、发电机超速、超速（软保护）、塔基振动大（软保护）等报警信息。风机主轴最高转速达到 31.13r/min（保护定值 19.2r/min），风机最大振动达 2.4m/s²，最终造成风机倒塔。

风机倒塔的原因是叶轮超速飞车，导致叶片损坏、机组失稳倒塔。根据事故现场叶片位置及后台 SCADA 数据分析，3 只桨叶在事故发生前未能顺桨。未顺桨的原因有以下几方面：

（1）外部引入电源导致安全链失效。维护人员在安全链出口位置直接接入 24V 电源，导致安全链整个回路失效，无法紧急收桨停机。

（2）安全链失效导致紧急收桨系统测试失败。风机进入"紧急收桨系统功能测试"模式后，实际上是由 PLC 断开看门狗信号从而触发安全链进行紧急收桨停机。由于安全链短接失效，造成测试失败未能收桨，同时其他保护动作（如振动、超速、变桨驱动故障等）也无法触发安全链，只能通过维护人员手动操作收桨停机。

（3）主控软件设计存在漏洞。风机触发"紧急收桨测试失败"故障后，因无法跳出"紧急收桨系统测试"模式，主控系统未能切换到交流回路控制风机收桨。主控软件振动和超速保护虽触发告警，但因控制系统逻辑漏洞及安全链短接故障，亦未能使风机安全停机；风机进入"紧急收桨系统功能测试"模式后，功率限幅值维持在进入测试模式之前的 350kW，发电机功率无法随风速增大而相应升高，导致叶轮转速随风速增大持续升高，直至机组飞车倒塔。

4-6-2 风机倒塔事件分析案例二

某风电场发生了风机倒塔事件，倒塔风机主轴转速最高达到 28.04r/min（额定转速 22.5r/min，软件超速保护定值 26.5r/min），振动值最高 X 方向 10m/s²，Y 方向为–7.89m/s²（保护动作值 1.75m/s²），风机一、二节塔筒连接螺栓受剪切力断裂，35kV 风机线路过流保护动作跳闸。发生倒塔前风速 8m/s，风机转速 14r/min，负荷 219kW。机组运行中风机报出叶片 1、2、3"看门狗"超时故障，触发安全链，风机开始紧急收桨，1、3 号叶片角度一直保持–1.5°，收桨失败，2 号叶片收桨至 22.8° 后停止。控制系统报出紧急变桨失败故障，操作人员执行远程停机操作失败，重启 PLC 欲进入工厂测试模式进行手动收桨，但收桨失败，随即尝试手动偏航背风，35kV 集电线路过流保护动作跳闸（判断此时风机已倒塔，当时风速为 12.2m/s）；线路跳闸后，风机通信消失。

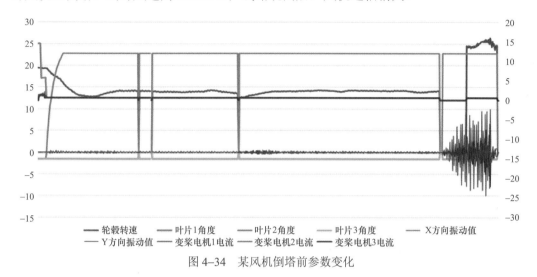

图 4–34　某风机倒塔前参数变化

　　该风机曾发生过 3 号叶片紧急收桨回路限流电阻烧毁（石英沙式）缺陷，更换过程中紧急收桨系统电气设备受到了石英砂污染。控制系统发出紧急收桨指令后，因 1 号叶片直流接触器 53K10（即图 4–35 中 54K10 位置，图中原件编号首位 53 为 1 号叶片，54 为 2 号叶片，55 为 3 号叶片）动合触点不能闭合，3 号叶片变桨接触器 55K10（即图 4–35 中 54K10 位置）衔铁卡涩，不能吸合到位，导致 1、3 号叶片直流蓄电池后备收桨失败；2 号叶片变桨电机刹车系统因卡涩未完全释放，导致 2 号叶片仅以 2°/s 收桨，8s 后速度继续减慢，最终叶片到达 22.8° 时，紧急收桨延时继电器 54K11 达到设定 20s 时间，变桨接触器 54K10 失电，紧急变桨中止。

　　风机紧急收桨失败后，由于控制系统存在闭锁信号无法自动切换到正常收桨模式，监控系统也无法进行手动停机操作，风机变桨系统处于失控状态，3 只叶片受力不平衡，风机转速逐步上升。操作人员重启 PLC 过程中造成风机脱网，转速快速升高，收桨无效后手动偏航过程中振动逐步增大，进而造成塔筒螺栓断裂，最终导致风机倒塔。

　　根据以上分析，得出事故原因及该类型风机存在的隐患主要有以下几个方面：

　　（1）风机一旦触发紧急停机，若直流收桨失败不能采取其他方式进行收桨。风机在任何情况下都应具备至少两种收桨模式。一旦其中一个出现异常应立即转为备用收桨模式。此例中虽直流接触器出现故障不能收桨，但其交流供电、驱动装置、执行机构均完好，若软件逻辑正确完全可实现第二种方式安全收桨。

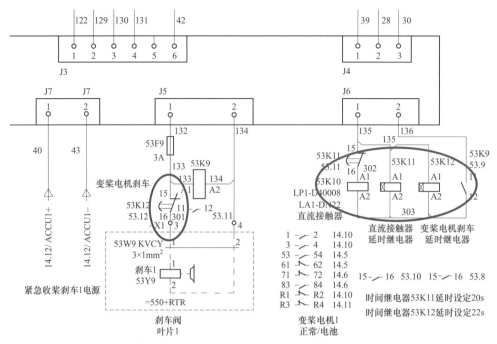

图 4-35　某风机变桨回路 2 号叶片紧急收桨电路接线图

（2）安全链设计不够合理，可靠性差。直流变桨系统中除执行机构外其他元件均应进行冗余配置。本例中直流接触器的常开触点带蓄电池为电源的紧急收桨回路，常闭触点带驱动模块为电源的正常收桨回路，当此接触器发生故障时可能造成两条回路均不能工作（图 4-36）。

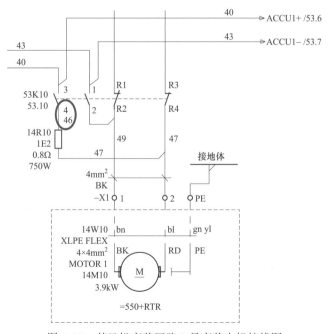

图 4-36　某风机变桨回路 2 号变桨电机接线图

（3）振动保护未接入硬件安全链回路。该机型振动保护仅接入控制系统由软件触发停机，且停机只能通过后备电源紧急收桨一种方式，在控制系统软件发生异常或紧急收桨回路故障时振动保护可能失去作用。

（4）限流电阻选型不当。此例中因限流电阻石英砂泄漏造成多只叶片接触器卡涩，应对限流电阻采取密封措施或改型。

4-6-3 风机 3 只叶片折断事件分析

某风电场风速 12.5m/s，机组运行中，叶片折断风机报软件超速、发电机超速、叶片伺服系统超时等故障信息停机。3 个叶片自动收回到 83.5°、85.5°、83.8°，轮毂转速最高达到 43.59r/min（额定转速 22.5r/min，保护定值 26.5r/min）。

当天上午，风电场处理该风机叶片伺服系统超时缺陷。更换变桨控制器后，手动变桨至 70° 左右，通过轮毂失电的方式进行紧急变桨测试，紧急变桨测试成功，风机投入运行。

当日中午，监控系统报软件超速、发电机超速、变频器跳闸、偏航电机跳闸、加速度高、扭缆传感器故障、塔基紧急停机等信号，风机功率 0kW，变桨角度为 0°。现场巡视发现，该风机一支叶片掉落至地面，另外两只叶片从根部折断，悬挂半空。调取风机功率、风速、变桨角度、轮毂转速、振动等数据，可以看出，风机超速（最高轮毂转速达 55.81r/min）是造成风机叶片断裂的直接原因。

由图 4-37 波形图及数据可以看到，在事故发生前，风机功率到达 1955kW，此时轮毂转速达到额定值 22.47r/min，随后风速略有波动，功率维持在满发状态，但轮毂转速持续上升，随后轮毂转速达到超速保护动作值，此时风机变桨角度仍保持 0.2° 左右，并未做出收桨动作，轮毂转速继续上升至 31.27r/min，触发变频器脱网。由于风机甩负荷，且叶片角度未发生变化，所以轮毂转速以 3r/s 的增速急速上升，轮毂转速到达最大值 55.81r/min，塔筒加速度开始出现明显上升，初步判断此时风机一个叶片已经出现严重形变，轮毂平衡破坏，风机振动增大，并在随后 1s 增大至 8.35m/s²。直至一只叶片彻底损坏脱落，另两只叶片从根部折断后风机才彻底停机。

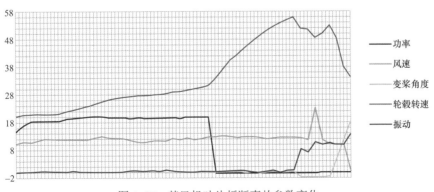

图 4-37 某风机叶片折断事故参数变化

由于本例中风机转速为逐步上升，理应先触发软件超速保护由变桨驱动装置进行收桨，若转速继续上升再触发硬件安全链保护由后备电源进行收桨。而两套保护均未能起到作用才导致风机发生叶片折断事故。

检查发现超速继电器接线错误导致硬件超速保护回路失效。如图 4-38 所示，COM 与 NC 通过跳线被人为短接，超速信号线 122 接至 NC（应接至 NO），此种接法直接导致硬件超速信号被屏蔽。

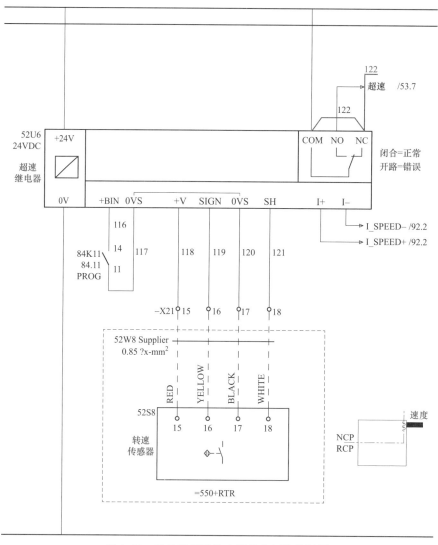

图 4-38　某风机超速继电器接点短接位置图

在对风机控制系统进行排查时，发现 PLC 变桨速度给定模块存在异常。其供电电压波动会导致输出错误。在测试中：电压降至 17.55V 时，其他模块电源正常且角度编码器数据变化正常，风机各项通信正常，而 ISI202 模块的速度给定输出电压为 0V（图 4-39），反向调高电压至 24V，速度给定通道未能恢复正常，且速度给定输出一直为 0V。在风机需要变桨时，先由 ISI202 模块根据 PLC 的命令，提供一个速度给定于变桨驱动器，然后变桨驱动器根据速度给定值驱使变桨电机转动以调整叶片角度。但通过本次 PLC 速度给定测试得出，在 24V DC 电源电压发生波动时，其 PLC 软件、硬件运行均正常，但速度给定却一直保持零输出，致使变桨驱动器未接收到变桨指令，造成风机正常变桨功能丧失。在轮毂转速达到软件超速设定值 26.5r/min 时，风机报软件超速告警，而速度给定输出仍然为零，致使风机不能顺利收桨。

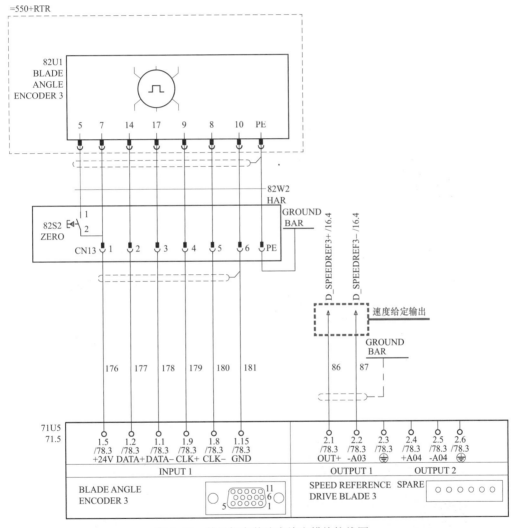

图 4-39　某风机变桨速度给定模块接线图

分析认为，风机在运行中，因 24V 电压降低造成 ISI202 模块输出异常，使轮毂转速达到软件超速设定值时，风机未能进行正常收桨，致使变频器脱网，风机甩负荷后轮毂转速持续上升。再因硬件超速保护被屏蔽，导致两套超速保护拒动，最终致使风机严重超速，叶片断裂。

风电场设备隐患及缺陷处理

4-6-4 风机超速事件分析

某风机运行中报出超速故障，发出紧急收桨指令，但 3 只叶片均未能收回。操作人员重启 PLC，进入工厂测试模式执行手动收桨操作，收桨失败。就地打维护位，按下急停按钮，连接电脑手动收桨失败。最终采取手动偏航侧风，轮毂转速由偏航前的 21.15r/min 逐渐下降至 5.72r/min（额定转速 22.5r/min，软件超速保护定值 26.5r/min），随后重启 PLC 才顺利完成叶片顺桨。

发生超速前风机叶片均处于 –1.5° 左右的位置，风机处于发电状态。紧急收桨指令发出后，叶片 1 角度位置没有变化，叶片 2、3 均调整至 –6° 左右。现场检查发现控制柜内存在大量石英砂，轮毂总电源开关、DC 维护开关卡滞，开关内部也存在大量石英砂。分析认为，石英砂泄漏造成的直流接触器卡涩是导致不能紧急收桨的直接原因。之后经过仔细排查发现，叶片 3 的限流电阻内部密封已经失效，密封板上有裂痕。

图 4-40 某风机轮毂控制柜内元器件上的石英砂

图 4-41 某风机轮毂控制柜加热器接线端子附近积灰严重

192

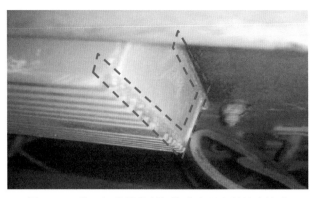

图 4-42 某风机轮毂控制柜均流电阻密封处有缝隙

重启 PLC 后，超速继电器进入超速测试模式，安全链超速保护被触发，但因石英砂泄露造成的直流接触器卡涩导致不能紧急收桨；再因控制策略中安全链保护优先级最高，导致了 PLC 启动后采用交流电源手动收桨也不起作用。最后在手动偏航的作用下风能驱动力减小，轮毂转速低于超速测试模式定值 5r/min 后，收桨功能恢复，风机得以安全停机。分析认为，虽然石英砂的泄漏酿成紧急收桨功能失效，但仍反映出控制系统控制策略不完善、硬件安全链保护回路功能少且漏洞多、安全系统可靠性差而冗余不足是造成风机险些发生超速事故的重要原因。

4-6-5 风机叶片折断塔筒受损事件分析

风机叶片折断塔筒受损事件发生前，平均风速 10m/s 左右。事件中风机报加速度超限、振动传感器故障、变频器通信错误、急停按钮被触发等报警，之后通信中断，3 号叶片根部发散性断裂，底部首节塔筒受损扭曲。该风机已经投运 5 年，曾因雷击导致 3 号叶片叶尖断裂，对其进行了更换，一年前 3 号叶片再次因质量问题发生折断。

查阅机组运行数据，近期未报过超速、振动、3 号叶片变桨驱动故障。叶片折断前 3min 左右发电功率在 1000～1500kW 之间，发电机转速为 1800r/min 左右，故障前 10s 风速为 9m/s，发电机转速降至 1100r/min 左右，功率瞬间降至 0kW，机组在故障前虽然处于发电状态，但叶轮已经无法吸收能量，如图 4-43 所示。

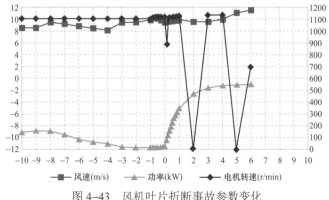

图 4-43 风机叶片折断事故参数变化

正常情况下，如果机组的发电功率瞬间从满发降到 0kW，那么转速应瞬间有一个较大的升高过程，但机组发电机转速却直接降低，说明前端叶轮吸收的能量瞬间急剧减少，导致转速没有一个突升的过程。而叶轮吸收能量减少只有两种情况，一种为叶片顺桨，另外一种为叶片损坏。

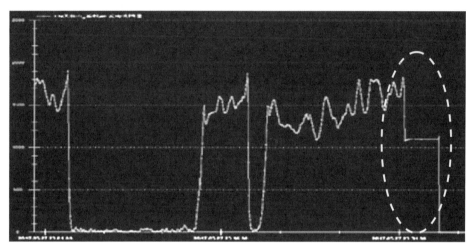

图 4-44　风机发电机转速跳变曲线

通过调取机组故障前变桨角度数据可知，3 个叶片角度均在 0° 工作位置。因此排除叶片突然顺桨的可能，可确定上述现象为叶片损坏。通过对振动数据分析，可以判断驱动方向振动加速度故障前小于 0.56m/s², 故障时直接跳变至 5.46m/s², 在故障后 4s 达到正向最大值 15.14m/s², 故障后 6s 达到负向最大值 -18.48m/s², 如图 4-45 所示。

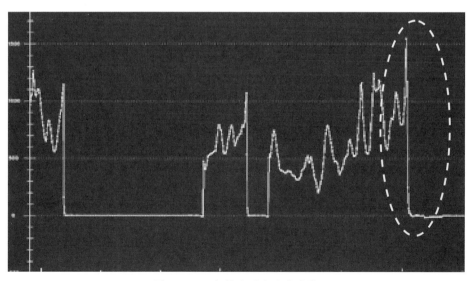

图 4-45　风机输出功率跳变曲线

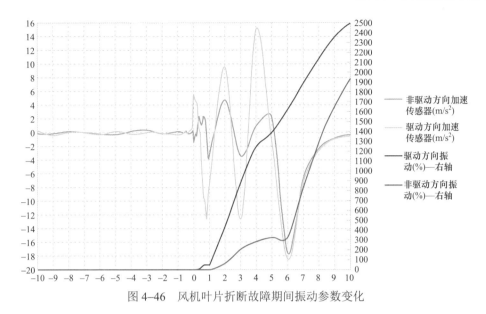

图 4-46 风机叶片折断故障期间振动参数变化

说明机组在 3 号叶片开始断裂时，断裂情况不是很严重，之后随着叶轮继续旋转，3号叶片损坏加剧导致叶轮失衡。由于振动过大，导致急停回路的 24V 闪断，报"急停按钮"故障，制动器同时动作，如图 4-47 所示，进而振动急剧加大，造成风机叶片折断塔筒受损。

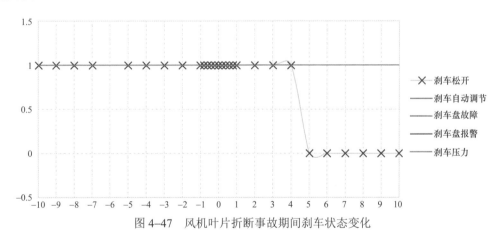

图 4-47 风机叶片折断事故期间刹车状态变化

经过分析，运行中叶片开裂是造成此次事故的直接原因。而如果机组控制逻辑设置合理，功率与转速不匹配保护能在第一时间发现异常并及时停机，风机将不会因为叶片损伤而产生任何附加损失。正是叶片开裂后未及时停机而继续运行的 3min，致使叶片根部发散性断裂逐步扩大，造成风机叶片折断塔筒受损。

4-6-6 风机机舱消防系统灭火弹误动作事件分析

某风电场进行风电机组安全链传动试验。在测试 PLC 至安全继电器"主控制器心跳"回路断开后，安全链能否被正确触发功能测试时，引发一起灭火弹误动事件。

该机组灭火弹利用风机主控 PLC 系统实现其控制功能。风机主控 PLC 系统的 CPU 安装于塔内底部控制柜内，其机舱内的输入输出模件采用光纤与上述 CPU 通信。机舱内 QS19.1 开关控制烟雾传感器、灭火弹执行机构及风机控制回路 24V 电源；机舱内 PLC 输入输出模件和灭火弹控制回路内 K34.8 继电器 24V 电源，共用 QS19.2 开关控制。即灭火弹的控制回路和执行机构由不同的开关控制。

安全链验证试验过程中，先断开 QS19.2 开关，K34.8 继电器 24V 控制电源失电，灭火弹控制回路失效；随后断开 QS19.1，烟雾传感器失电、灭火弹执行机构失电。烟雾传感器判断有烟雾状态为 0，而失电时 PLC 采集到的信号也是 0，PLC 逻辑判断机舱内着火，PLC 发出灭火弹动作指令，因此时继电器和灭火弹执行机构均处于失电状态，灭火弹未动作。恢复送电过程中，先合 QS19.2 开关，K34.8 继电器 24V 控制电源恢复，其辅助触点闭合，灭火弹控制回路连通；再合 QS19.1 开关瞬间，灭火弹执行机构电源恢复，灭火弹动作。

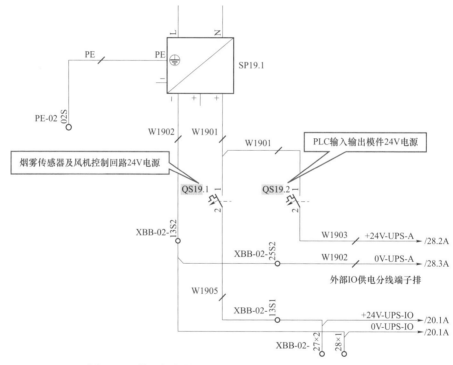

图 4-48 某风机机舱 QS19.1 及 QS19.2 开关电气回路图

厂家配置的灭火弹利用风机主控系统实现其控制功能，未做到其控制回路（包括 24V 直流电源）独立工作，进而导致在进行风机主控系统保护传动试验时，发生灭火弹保护误动事件。

4-6-7 风机滑环造成安全链动作事件分析及改进措施

某风场风机滑环使用德国进口产品。投产 3 年左右时，大量机组报出安全链继电器 2 故障，虽对安全链进行复位后机组可恢复正常，但再次启动机组后仍然频繁报出该故

障。通过机组监控软件录取故障波形发现安全链继电器 2 故障报错期间安全链继电器 2
回路 24V 信号会断开约 20～100ms，从而引发 PLC 模块检测信号丢失，机组报出安全链
继电器 2 故障，而机组安全链继电器 2 实际并未断开，初步判断为滑环电刷振动导致安
全链信号瞬时断开触发主控故障，如图 4-49 所示。

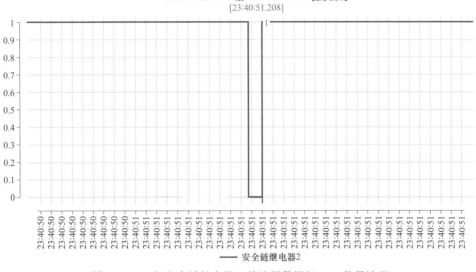

图 4-49　风机安全链继电器 2 故障报警期间 24V 信号波形

随后通过拆卸滑环进行检查发现，导电环道内有大量的橡胶粉末污染；电刷弹
力下降导致转子转动时电刷振动大，信号传输易中断；转动转子极其困难，拆卸轴
承发现轴承内部进入大量橡胶粉末污染物，轴承内无润滑油脂。上述问题表明该型
号滑环设计存在缺陷，滑环机械密封性能无法满足要求，导致轴承及转子污染严重。
由安全链继电器 2 故障波形可看出，故障主要原因是由于振动导致滑环定子电刷跳
动，而安全链继电器 2 输入 PLC 信号来自安全链 2 主回路上，所以在安全链信号
环道上电刷跳动时，会引起安全链信号断开，如图 4-50 所示。考虑该风场滑环大量
出现故障，首要的目标是通过技改提高滑环稳定性，同时加强维护来提高滑环使用
寿命。

从图中看出，PLC 监控安全链继电器 2 "OK 信号"来自于安全链 2 信号回路 N1#34
输入点，如果滑环故障导致回路短时间断开，则主控安全链信号也会随之断开，但是安
全链继电器 2 并未断开。也就是说，主控是实时监控安全链回路信号的，但是由于继电
器的动作时间比信号中断时间长，安全链继电器 K65.6 并未动作。

为了解决上述问题，我们可以增加一个二级继电器 K65.8 来实现信号隔离，并通过
K65.6 的辅助触点控制 K65.8 继电器，同时将 PLC 监控安全链继电器 2 "OK 信号"接至
K65.8 继电器上端，如图 4-51 所示。

風电场设备隐患及缺陷处理

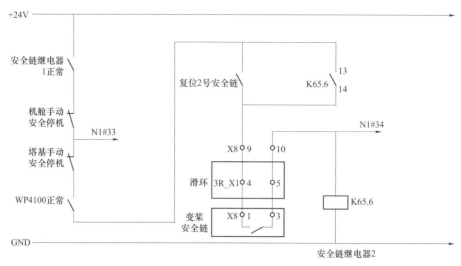

图 4-50　风机安全链继电器 2 电路接线图

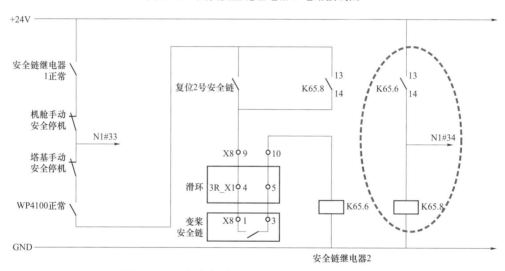

图 4-51　风机安全链继电器 2 电路改进方案接线图

这样，即使安全链信号出现闪断，由于其信号闪断时间小于继电器的断开动作时间，只要 K65.6 继电器未动作，PLC 安全链输入信号就不会出现中断。一般电磁继电器的断开动作时间为 0.3～0.5s，这样，通过改进电路，可以有效避免信号闪断引起的故障。

该滑环预留了一个四通道备用信号通道，目前在机组中并未使用，为了提高安全链信号可靠性，可以将备用信号线和安全链信号线合并使用，通过这种方式增加安全链信号的电气触点数量，将原来单槽双电刷结构改为双槽四电刷结构，进一步提高了信号的稳定性。

参　考　文　献

[1] 任清晨. 风力发电机组工作原理和技术基础 [M]. 北京：机械工业出版社，2010.

[2] 姚兴佳，宋俊. 风力发电机组原理与应用 [M]. 北京：机械工业出版社，2009.

[3] 叶杭冶. 风力发电系统的设计、运行与维护 [M]. 北京：电子工业出版社，2010.